普华
文化

PUHUA BOOKS

我
们
一
起
解
决
问
题

U0280107

产品创新 36计

**PRODUCT
INNOVATION**

手把手教你
如何产生优秀的产品创意

李冠辰 著

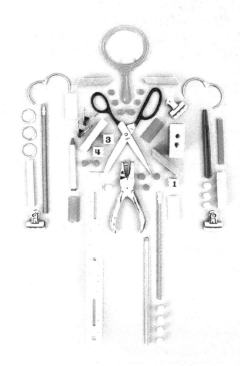

人民邮电出版社

北 京

图书在版编目（ＣＩＰ）数据

产品创新36计：手把手教你如何产生优秀的产品创意 / 李冠辰著. -- 北京：人民邮电出版社，2017.5
ISBN 978-7-115-44717-3

Ⅰ．①产… Ⅱ．①李… Ⅲ．①产品设计 Ⅳ．①TB472

中国版本图书馆CIP数据核字（2017）第069326号

内 容 提 要

创新是企业的核心竞争力，但很多企业却找不到有效的产品创新途径。那么，企业如何通过产品创新快速地产生优秀的产品创意，赢得用户和市场呢？

《产品创新 36 计》一书是作者长期产品创新工作经验的总结。本书通过分析、提炼、归纳国内外电商平台、众筹网站、产品创意网站上的爆款产品、高人气产品创意，将产品创新要素总结为 2 个方面、6 个维度、36 个产品创新思考点，提出了一套具体可操作的指导产品创新的方法体系。这套方法体系简单实用，能够带领读者在洞察用户痛点的基础上快速产生高价值的产品创意。

本书适合在企业中从事产品开发、创新及管理工作的人员阅读，也适合广告策划人员、艺术设计人员、创业者以及高等院校相关专业的师生阅读。

- ◆ 著 李冠辰
  责任编辑 张国才
  执行编辑 孙闰松
  责任印制 焦志炜
- ◆ 人民邮电出版社出版发行 北京市丰台区成寿寺路 11 号
  邮编 100164 电子邮件 315@ptpress.com.cn
  网址 http://www.ptpress.com.cn
  北京虎彩文化传播有限公司印刷
- ◆ 开本：700×1000 1/16
  印张：14.5   2017 年 5 月第 1 版
  字数：180 千字   2024 年 8 月北京第 4 次印刷

定价：55.00 元

读者服务热线：(010)81055656 印装质量热线：(010)87055316
反盗版热线：(010)81055315
广告经营许可证：京东市监广登字 20170147 号

推荐序一

创新是企业持续发展的生命线和核心竞争力。从生产型企业到销售型企业，再到服务型企业，都需要创新。不管是产品创新、市场创新，还是运营创新，企业或多或少、自觉或不自觉、主动或被迫都在进行创新。特别是面对当前复杂多变的商业竞争环境，创新已经成为企业求生存、图发展、攻坚克难的必备武器。

创新对于企业的重要性无需多言，而企业最关注的是如何创新。针对这个问题，理论界和实战派的专家学者纷纷著书立说，从各自角度作出了回答。《产品创新 36 计》是一本强调实战、非常有特色的创新方法书，作者将创新的视角聚焦在企业的产品创新领域，重点解决如何快速产生高价值产品创意的问题。产品创意是产品创新的重要内容，是产品竞争力的集中体现。结合当前"大众创业、万众创新"的新形势，产品创新能力就显得尤为重要。正如作者在书中所言，从小处看，产品创新能力不足会导致创业者的创业项目缺乏吸引力，很难吸引到风险投资的关注，难以获得长久发展；产品缺乏创意会导致产品竞争力下降，让企业陷入残酷的同质化价格竞争。而往大处说，缺乏产品创意是导致当前中国制造业竞争激烈、山寨横行、企业利润微薄的主要原因之一。"中国制造"要想升级为"中国创造"，产品创新能力的提高是关键。

如何提升企业的产品创新能力？更准确地说，如何提升产品企划、研发人员的创新能力？首先要更新一个观念，那就是在大多数人看来，产品创新能力往往是少数天才的专利，产品创意往往可遇不可求。本书就是要打破这种错误的认识。作者采取以终为始的研究方法，对过去和现在的大量优秀产品创意进行整理和研究，提出从 2 个方面、6 个维度、36 个思考点来构思产品创意概念，并将这套方法总结成好学易用的产品创新 36 计，使以往少数天才才具有的智慧变成人人都可以学会和掌握的技能，使企业的产品创新变成人人都可以参与并高效完成的工作。

"创新需要巨大的投入""创新是一件高风险的事情""不创新是等死，创新是找死"，这是许多企业不愿意创新的原因。其实，创新也可以变得很简单。产品创新是企业创新的一个重要内容，为了使企业的产品创新变得简单有趣，降低其风险和难度，作者收集了大量的产品创新案例，使读者能更好地理解和掌握产品创新的 36 种方法，这就使本书超出了一般意义上的产品创新方法工具书，成为一本优秀的产品创新案例库。读者可以随时查阅本书的方法、工具和案例，通过学习和借鉴，使产品创新变得更容易、更有效率。同时，作者也基于以往的经验提出了举办创新工作坊、玩游戏投骰子等创新工作开展方式，揭开了产品创新工作的神秘面纱，使产品创新工作变得简单易行、生动有趣，更易于让人接受和参与，更接地气，从而也更加有效。

本书由 41 篇文章组成，其中前两篇是对产品创新以及产品创新 36 计的解读说明，帮助读者对产品创新形成清晰和整体性的认识。本书的重点是 36 篇针对创新方法的说明和案例性文章。最后还有 3 篇关于企业如何开展产品创新工作以及如何应用产品创新 36 计的文章。书中的每一篇文章都自成体系，读者既可以从头到尾系统性地阅读，也可以挑选自己喜欢的内容阅读。同时，正如作者所言，产品创新 36 计是一个开放的体系，产品创新的 36 种方法主要是基于对以往优秀产品创意的解读和提炼，不同的人对优秀产品的解读会有所不同，也会提炼和形成自己的产品创新方法。因此，读者可以对产品创新 36 计中的具体方法进行审视、评价、取舍、改善和添加，最终形成适合自己的独特的产品创新方法体系。这是本书带给读者的最大价值。

　　本书作者具有多年的企业战略管理和产品创新经验，在工作中善于发现、总结和实践，这也使书中提到的许多创新方法和工具具有很强的操作性和实战性。工欲善其事，必先利其器。当前，创新已经上升到国家战略的高度，中国要从"制造大国"走向"制造强国"，要从"中国制造"升级为"中国创造"，创新是唯一出路，而创新需要方法。本书的面世恰逢其时，一定会为企业的产品创新工作带来巨大的帮助。我也希望更多人参与到产品创新的研究与实践中去，为中国的富强贡献一份力量！

鲁百年　博士
SAP 大中国区商业创新团队首席架构师
创新设计思维全球第一人
2017 年 1 月

推荐序二

你会创新吗？

世界变化的脚步越来越快，手机等移动设备的普及造就了互联网行业的蓬勃发展，喧闹多年的物联网、人工智能、机器人技术也已经渗入各个产业，改变了大家原本熟知的一切。如果不想被这个世界抛弃，那么所有人都必须大胆地创新、整合与改变。

但是，你真的会创新吗？

拜读冠辰兄的大作，我深有感触！因为这么多年来，无论是从产品、技术上，还是从企业的策略、经营上，大家虽然对"创新"这个词不陌生，却没有人针对"创新"的实务经验提出一套完整而系统的方法。

就在这段时间，我与亚洲各地的企业家探讨指数型科技（Exponential Technology）的趋势与影响，所有参与讨论的企业家都对目前上百种创新科技感到震惊与不安。因为绝大部分的创新科技均来自欧美国家，连一向在亚洲居于领先地位的日本也自叹弗如。可见对于创新这件事，我们亚洲地区还没有一套有效的方法来帮助我们迎头赶上。

为什么呢？读完冠辰兄的《产品创新 36 计》，我才幡然醒悟过来，原来大家谈创新却不了解创新。创新是非常具有科学性的，所以必须回归到产品面、需求面、技术面来探讨，举个例子，苹果在大家眼中算是懂创新的公司，但除了过去十几年来大家熟知的 iPhone、iPad 等产品之外，似乎没有什么创新的产品。但反观亚马逊和谷歌这样的科技巨擘，我们更能感受到什么叫创新。亚马逊公司从原本的网络电商出发，先后推出电子书 Kindle、人工智能语音服务 Echo、Amazon Go(亚马逊购) 等创新产品；

谷歌公司从搜索引擎到谷歌邮箱、谷歌地图、谷歌文档、YouTube、安卓、谷歌浏览器、谷歌眼镜、自动驾驶汽车，以及 2016 年大出风头的 AlphaGo 等，创新产品层出不穷。当把这三家公司放在一起时，你就会恍然大悟，它们在创新方面有着很大的不同。

所以，谈创新不能不看这本《产品创新 36 计》。本书作者在全球知名企业中工作，实际接触到了大量来自海内外的优质产品，包括各种创业大赛的创新产品与服务项目、国内外电商平台的爆款产品、众筹平台和创意网站上的高人气产品等。作者通过缜密的分析及研究，梳理出这些产品在创新上获得成功的原因，并且总结成 2 个方面、6 个维度、36 个创新思考点。本书是国内第一本手把手教你创新的指导书，被称为真材实料的创新手册也不为过。

你还在苦恼不知如何创新吗？这本书会帮你打通创新的任督二脉，带你跟上国际创新的趋势！

顾及然

台湾国际总裁菁英书院院长

台湾安勤科技独立董事

前鸿海（富士康）集团战略处领导

2017 年 1 月

前　言

当前，国家正大力推进"大众创业、万众创新"，全国各地创业热潮风起云涌，企业中的创新也开展得如火如荼。

为了推动创新与创业，中央和地方政府发布了各种政策并投入了巨大的资源。大量"创新工厂""众创空间"如雨后春笋般纷纷出现，社会与企业也成立了大大小小的各种"孵化器"。这些措施在一定程度上降低了创业者的门槛，提高了创业者的成功率。应该说，当前支持创业的硬件环境已经基本具备，但是在软件层面，如创新方法、创新工具、创新咨询引导等方面还存在较大的不足。例如，《创业企业调查报告》2016年曾对北京、上海、深圳、杭州、武汉、西安6个城市的1006个样本进行创业调查，结果显示17.18%的创业者将"缺乏创意"列为制约创业的首要因素，14.13%的创业者将"创业概念容易被模仿"列为制约创业的首要因素。

创业首先需要一个有创意的项目或者产品，但目前我国大部分创业项目都比较低端或者彼此雷同。一方面，这导致了创业者之间的竞争异常激烈，增加了创业成功的难度；另一方面，平庸的项目也很难打动投资人并吸引到风险投资，创业企业很难持续发展。

在企业创新方面，目前最困扰企业的是其产品创新能力的不足。产品创新是企业最重要、最基本的一种创新方式，而且企业需要通过产品来满足消费者的需求，从而实现自身的商业价值。国家进行"供给侧"改革也是希望企业能通过创新来提高产品竞争力，创造出真正能满足消费者的产品。所以，如果产品创新能力不足，大部分企业都只是单纯地进行山寨模仿，市场上产品千篇一律，那么企业只能赚取微薄的利润，最终都将陷入残酷的价格竞争。

因此，无论是大众创业还是企业创新，最终拼的还是自己的产品和创业项目有没有竞争力。如何才能使自己的产品或创业项目更具竞争力呢？这是一个非常复杂的问题。我们不妨换个角度来思考：当前和以往那些知名的、竞争力很强的产品都具备哪些特点，为什么会成功，当初是怎么被创造出来的？通过研究和总结它们的成功秘诀，就能指导我们今天的产品创新。

基于这种想法，同时由于工作关系，我在过去几年中接触到了大量的优秀案例，包括国内外各种创业大赛的优秀创业项目、国内外电商平台的爆款产品、众筹平台和创意网站上的高人气产品创意，通过对这些优秀产品进行收集、分析、总结和归纳，了解这些优秀产品之所以获得市场成功和用户喜爱的原因，并对这些要素进行归类和提炼，最终揭开了优秀产品成功的秘诀。

这些秘诀可以总结成2个方面、6个维度、36个成功要素。2个方面是指产品创新包括产品硬件实体本身的创新以及产品所承载的软性商业价值方面的创新；6个维度是指产品创新可以从6个维度进行思考，分别是产品功能创新、产品内部结构创新、产品外观形态创新、用户体验创新、用户情感需求创新、产品商业模式创新。为了保证创新方法的可操作性，在这6个创新维度下，每个维度都可以再细分为6个创新思考点，这样整个产品创新体系就形成了36个具体的创新思考点，也就是36种具体的创新方法。例如，产品功能创新维度可以具体细分为产品功能组合创新、单一功能极致创新、产品功能跨界创新、产品移动性和便利性创新、产品模块化创新、产品自动化和智能化创新6个更具体的创新方法。这样36个思考点、6条思考线、2个思考面，点、线、面相结合，就构成了产品创新方法的整个体系。

为了方便理解、记忆和传播，我将这套产品创新方法总结为产品创新

36 计，每一种创新方法就是一计。在解释和说明时，我采取理论联系实际的方法，用大量案例帮助读者加深对相应创新方法的理解。因此，本书不仅是一本创新方法工具书，更是一个爆款产品和热门创意的资料库，通过详细讲解这些优秀的产品和创意，启发读者产生更多、更有价值的创意。

为了便于读者理解和掌握产品创新 36 计，我结合多年的工作实践，提出了产品创新 36 计的多种操作手段与应用场景。例如，产品创新 36 计如何与创新工作坊这种当前热门的群体性创新活动有机结合，以便更好地支撑企业的产品创新工作；在不需要多人参与的情况下，如何使用产品创新 36 计产生丰富的产品创意；如何利用卡诺模型对产品创意进行评估。

创新具有共通性，许多创新方法不仅可以应用于产品层面，也可以应用于企业人力资源管理、业务流程再造、市场营销、战略规划等经营管理的方方面面，甚至可以举一反三，应用在日常生活中。

因此，本书不仅对企业产品研发人员、产品企划人员以及创业者（特别是大学生创业者）具有一定的指导意义，而且对企业经营管理者、市场营销策划人员、"众创空间""孵化器"的织织者和运营者、从事创新研究和实践的教师和学生、广告设计和艺术设计等行业从业人员都有一定的帮助。

本书主要包括三个部分，第一部分是第 1 章，主要说明产品创新 36 计的由来以及产品创新 36 计的大致内容；第二部分包括第 2～7 章，共 36 个小节，重点介绍产品创新 36 计中的每一计，也就是每一种创新方法的具体内容和相关案例，帮助读者更好地理解和掌握具体的创新方法；第三部分是第 8 章，重点介绍如何在工作中应用产品创新 36 计，在这一部分，我基于多年的工作实践给出了一些具体的操作方法和案例。

我查阅了大量的资料，也从互联网上收集了大量的产品案例和图片，本书中多处引用，在此对相关作者、企业和创业者表示感谢。

在写作本书的过程中，我得到了多位创业、创新领域的专家与前辈的悉心帮助，在此深表感谢。

最后要感谢我的妻子张洁，正是在她的鼓励下，本书由最初的一些想法、笔记、培训课件一步步丰富完善，最终形成了一本完整的书，呈现在读者面前。

由于本人水平有限，书中还有许多值得改进的地方，希望读者朋友在阅读过程中给予批评和指导。

目　录

第 8 章　产品创新 36 计的应用

第 1 章

产品创新 36 计的由来和概述

36 ^计

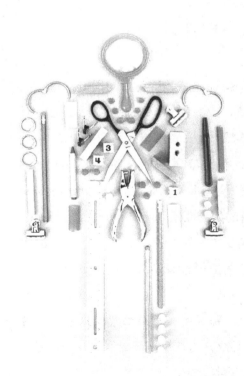

产品创新 36 计

手把手教你如何产生优秀的产品创意

创新、产品创新和产品创意

创新是当下的热词，但是真正要把创新说清楚、讲明白却很难，每个人对创新都有不同的理解。在企业里，创新、产品创新、产品创意这三者有时候会被混为一谈。所以，在一开始就有必要对这三者做出区别和界定。

在经济学上，创新的概念最早由美籍经济学家熊彼特（Joseph Alois Schumpeter）在 1912 年出版的《经济发展理论》（*The theory of economic progress*）中提出。他认为，创新是指把新的生产要素和生产条件的"新结合"引入生产体系，它包括五种情况，分别是引入一种新产品、引入一种新的生产方法、开辟一个新的市场、获得一种新的原材料或半成品供应来源以及实现一种新的组织形式。

如果你难以理解熊彼特对创新的定义，那我用一种最简单的描述方式进行表达，如图 1-1 所示。创新就是在做一件事，这件事要同时满足三个条件：第一是新的，第二是有价值的，第三是可以实现的。

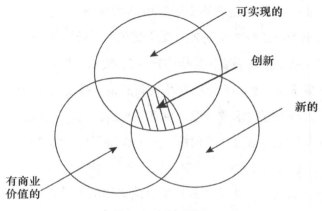

图 1-1　创新三要素

当然，还有另一种对创新的定义也很有意思。"创新"这个词的英文是"innovation"，其首字母是"I"，我们可以把它理解为"insight"（洞察）；末字母是"N"，我们可以把它理解为"new value"（新的价值）。这样我们就得到了对创新的另一种表达，如图1-2所示。创新始于洞察，洞察是创新的原材料和核心，是指发现有关事物背后的本质规律；创新结束于创造新价值，所以创新就意味着一定要有新价值产生。

图 1-2　洞察带来新价值

创新涵盖了科技、文化、艺术及商业等众多领域，因此创新可以分为科技创新、文化创新、艺术创新、商业创新等。在商业领域，产品创新是一种最重要、最基本的企业创新活动。因为企业最终要通过产品和围绕产品的服务来满足消费者的需求，从而实现自身的商业价值。所谓产品创新就是改善或创造产品，进一步满足用户需求或开辟新的市场，因此，产品创新可分为改进型产品创新和全新型产品创新。改进型产品创新是指在技术原理没有重大变化的情况下，基于市场需要扩展现有产品的功能，改进其生产技术。这种创新机制一般是需求拉引型。全新型产品创新是指产品用途及其原理有显著的变化。这种创新机制既有技术推进型，也有需求拉引型。例如在汽车领域，特斯拉无人驾驶汽车就是全新型产品创新，其工作原理与传统汽油车相比已经发生了很大变化，而涡轮增压发动机相对自然吸气发动机而言就是改进型产品创新。

最后谈谈产品创意。产品创意是指企业提出的能够推向市场的产品构想。所以，产品创意是关于新产品的一种构想，说得再直白些就是一个点子。前面说过创新来源于洞察，我们基于洞察发现问题、发现需求，就会有一个相应的解决方案，也就是构想或者点子，然后实现这个构想，做出具体的产品并提供给用户，实现其商业价值，这就是一个完整的产品创新过程。根据我们对创新的第二种解释，产品创意是"洞察"和"新价值"中的一个重要的环节，没有这个环节，洞察就无法产生新价值，产品创新也就无从谈起。所以，优秀的产品必然来源于优秀的产品创意，而优秀的产品创意必然是对用户需求和痛点深度洞察的结果。

以上对创新、产品创新、产品创意这3个概念进行了简单解释和界定，后面会详细讲述如何在洞察用户和市场的基础上快速产生高价值的产品创意，并最终实现其商业价值。

如何快速产生高价值的产品创意

什么是产品创意？说得复杂一点，就是一种对新产品概念的创造性表述；

说得简单一点，就是一个关于新产品的想法。想法自然有优劣之分，一个好的想法或者一个优秀的产品创意往往能够带动企业的改革和创新，甚至对行业的发展产生颠覆性的影响。

许多人认为，好创意往往可遇不可求，是一刹那灵感的爆发，带有一定的偶然性。那么，如何将产生优秀的产品创意变成一件简单的事，让人人都具有这种能力呢？

我们可以采取以终为始的方法，研究过去和现在那些优秀产品具备的特点，并对这些特点进行梳理、归纳，提炼出所有成功要素，让这些成功要素反过来指导我们的产品创新工作。

基于这种思路，通过对当前各种创业大赛上的优秀项目、互联网电商平台上的众多热门产品、众筹平台和创意平台上的各种高人气产品和创意进行统计和分析，我们发现快速产生一个优秀的产品创意需要三个条件：第一，要切实了解用户需求和痛点以及具有解决痛点的强烈动机；第二，要有来自多方面的信息线索，借鉴这些信息并从中获得启发，这些信息线索可以是一些实用的技术信息，也可以是关于其他产品或创意的信息；第三，要掌握一定的方法和思考模式，快速在用户痛点和信息线索之间建立某种联系，从而形成针对用户痛点的解决方案，最终产生优秀的产品创意。

以我国历史上的经典发明锯子为例。锯子的发明人鲁班一直为如何省力地分割木头而苦恼——这是一个实实在在的痛点。他有解决这个问题的强烈动机，整天冥思苦想。有一天在爬山时，他的手被一种草的叶子割破。叶子的边缘呈锯齿状——这是一个有用的信息和创意激发物。于是他用"仿生"的思考模式将能割破手的叶子的锯齿形状和分割木头的需求联系起来，从而发明了锯子。

由此可见，快速产生高价值产品创意的关键在于系统的思考模式，这种思考模式可以帮助人们迅速在用户需求、痛点和多方面信息线索之间建立有效的联系，给人们提供多种思考和解决问题的路径。人们通过采取一种或几种路径将用户痛点与有效信息线索合理连接，迅速获得相应的解决方案，从而产生高质量的产品创意。

基于对众多成功产品和优秀创意的分析，我们发现产生优秀产品创意的思考角度主要分为两个方面：一方面偏理性，主要从产品的功能、结构、外观形态出发，这些因素构成了产品的硬性部分；另一方面偏感性，主要从用户体验、用户情感、商业模式出发，这些因素构成了产品的软性部分。用户虽然触摸不到产品的软性部分，但是可以感受到。硬性要素与软性要素相结合，不仅使产品创意变得更加丰满，也提升了从创意到真实产品的成功率。

从用户角度来说，优秀的产品要具备以下几个特点：第一要有用，能实现一定的功能，这是产品最基本的价值；第二要易用，也就是用户的体验要好，使用方便；第三是用户喜欢用，即产品不只是简单地实现了某些功能，而且还能满足用户的情感需求，让用户感受到极大的乐趣和情感满足，对产品形成黏性；第四是用户容易得到，即用户可以以最低的成本、最快的方式获得产品或者享受产品的使用价值，这一点往往与产品的商业模式有关。

 ## 产品功能创新是最基本的创新

在基于用户需求和痛点构思产品创意时，功能创新是最基本的思考维度。一个产品必然要具备一定的功能来解决用户的具体问题。如何通过功能创新来突显产品的竞争优势？通过对上千种广受用户欢迎的产品在功能实现方面的特点进行研究总结，我们发现一般情况下可以采取产品功能组合、将单一功能做到极致、功能跨界、增强产品移动性和便携性、模块化、智能化和自动化等多种手段，凸显产品创新性。

 ## 产品内部结构创新可以极大提升产品功能的发挥

产品内部结构设计对产品功能的实现影响巨大，好的结构设计可以将产品功能发挥到极致。根据著名发明家、TRIZ 理论发明人根里奇·阿奇舒勒（Genrikh Altshuller）关于技术系统进化论的观点，柔性化是系统进化的一个重要方向。产品内部结构的优化和升级是沿着刚体、铰链和伸缩嵌套结构、柔体、流体、场等几种模式逐渐向柔性方向发展的，这就为我们在产品结构上的创新提供了一种思路：如果当前产品的内部结构不能很好地发挥功能，不能很好地解决用户的问题，我们可以沿着技术系统柔性化的进化路线，用下一个进化模式来解决这个问题。

此外，在产品内部结构创新方面，我们还可以采取逆向思维模式，改变产品内部结构组件之间的相互作用关系，从而获得另外一种效果。我们或许不仅会因此产生一个奇妙的创意，甚至还有可能发明一个全新的产品。

产品外观形态创新可以影响用户购买决策

一个产品之所以吸引人，除了功能和结构外，外观也起着非常重要的作用。甚至在功能和结构基本一致的情况下，产品外观形态在用户做出购买决策时能起到决定性作用。产品外观形态包括：产品的大小、轻重、厚薄；产品的几何形状，如圆形、方形、流线形；产品的质感，如透明、反光、闪光等；产品的色泽，如颜色、图案；产品的体感，如温度等。如何通过产品外观形态创新构建差异化优势，创造一个在万千产品中能让用户一眼识别、一秒钟就爱上的产品？通过对众多高颜值产品外观方面的优点进行分析，我们发现一般可以从以下几个方面进行思考和创新：首先，可以尝试变换产品的外观形态，做大小转换、厚薄转换、规则到不规则转换，突破用户的常规认识，形成新颖感，带给用户强烈的视觉体验；其次，可以采取仿生学原理，借鉴大自然万物以及用户生活中最喜欢的事物或产品的外观形态，让用户产生亲近感；最后，也可以在产品颜色和质感上下功夫，或者采取动感的外形设计，让用户被产品的动感张力所吸引。

从产品功能、内部结构、外观形态等角度进行产品创新是一种典型的以企业为中心的创新思维模式。在当今商品极为丰富的时代，一件产品纵是功能极佳、结构巧妙、外观惊艳，也未必能引发人们的购买欲望。产品有哪些亮点是厂商的说辞，真正的价值体验只有用户自己知道。因此，如果想要产生优秀的产品创意，就一定要站在用户的立场上，明确产品到底能带给用户什么样的体验。此外，用户的情感需求也是影响其购买决策的重要因素。这种情感往往是潜在的，不易察觉。如果我们在提出产品创意时没有考虑这方面的因素，产品上市最终会面临一个可悲的结局。最后，在产品实现从厂家到用户的惊险一跃的过程中，商业模式发挥着决定性作用。同样优秀的产品采取不同的商业模式，市场表现可能会出现天壤之别。

因此，在思考产品创意时，产品的功能、结构、外观形态是最基本的出发点。但是，要想进入更高的境界、实现更大的价值，就必须将创新的视野提升到用户体验、用户情感需求、商业模式等更高的维度。

在产品功能一定的情况下通过创新来提升用户体验

在产品功能一定的情况下，如何提升用户的体验甚至带给用户超级体验？通过对大量优秀的产品创意进行研究，我们认为可以采取以下几种方法。

第一，对产品进行一定程度的预装或预处理，降低用户的使用风险，提升使用便利性。

第二，想方设法降低用户的学习成本。当前，学习成本已经成为用户使用产品的最大门槛，同时也是防范竞争对手挖走用户的最大壁垒。

第三，降低用户的使用成本。用户的使用成本包括维护成本、搬运和储藏成本、维修保养成本等。降低使用成本从另一方面来看就意味着提升产品的使用价值。

第四，适当增加刻意手动化的功能模式，增加用户与产品交互时的仪式感和神秘感。

第五，采取 DIY 模式，让用户参与其中、乐在其中。

第六，也是最好的方法，即全心全意给用户带来超级体验。要做到这一点，一般有两种方法：一种是超越用户期望，另一种是制造意外惊喜，也就是让产品变得"不务正业"。关于这些方法，我们将在后面的章节进行详细说明。

通过创新来满足用户的情感需求

用户的情感需求比较复杂，用户购买一个产品看似没有什么理由，但从深层次角度来讲都是受情感支配的。简单地说，用户的情感需求可以细分为安全、社交、竞争与挑战、怀旧、同情、自我与社会认同等几个方面。如果产品在设计时就直接体现出这些情感，就很容易赢得某些有这方面心理需求的用户的芳心。

从商业模式维度进行产品创新

商业模式维度已经不是简单地从产品功能、结构、用户情感等角度思考，而是从产品最终变现的方式进行深度思考和创新。这个维度可以分为针对特殊用户群体、打造平台型产品、产品服务化、软件硬件化和硬件软件化、打造流量型产品、深度定制产品等几个思考方向。

最后再总结一下，我们采取以终为始的方法，对大量的优秀产品和创意进行分析和总结，将快速产生优秀产品创意的思考方法概括为 2 个方面、6 个维度、36 个创意思考点。为了方便理解、记忆和推广传播，我们把这套方法体系总结为产品创新 36 计，如图 1-3 所示。每一个创新方法或者创新思考点就是一计，这样点、线、面相结合就构成了我们的产品创新 36 计。对于具体每一计，我们将在后面进行详细说明。

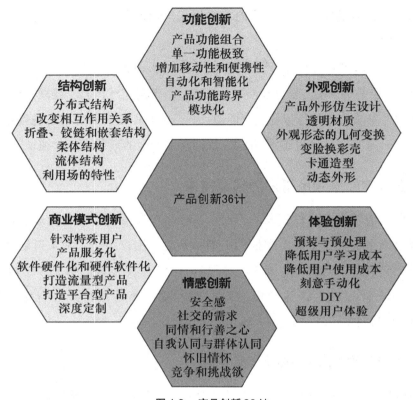

图1-3 产品创新36计

快速解决用户痛点，为用户提供有吸引力的产品，一直是企业的神圣使命和存在意义。产品创新36计是一个非常好用的工具，为读者提供了快速思考问题、解决问题和产生优秀创意的捷径。如前所说，产生优秀的创意需要三个条件。第一要了解用户需求和痛点，产品企划和研发人员不能闭门造车，要自己走出去，将用户请进门，耐心倾听用户的心声，洞察用户真实的需求。第二要有足够多的信息线索可以借鉴，所以产品企划和研发人员要有意识地多收集各种产品信息、技术信息和创意信息，构建科学有序的信息知识库。本书后面的章节采取理论联系实际的方法，结合大量案例，以帮助读者加深对产品创新方法的理解。因此，本书不仅是一本创新方法工具书，更是一个收集了大量爆款产品和热门创意的资料库，方便读者随时查找和学习。第三要用好产品创新 36 计这样的工具，掌握最佳思考路径，快速提取信息，建立信息与用户痛点之间的联系，从而找到最优解决方案，形成优秀的产品创意。

在使用产品创新 36 计时，可以采取创新工作坊这种群体性创新活动，实现跨部门、跨团队合作，利用群体智慧在短时间内产生大量高质量的创意；也可以采取投骰子的方式，即使只有一个人也能快速产生大量的优秀产品创意。本书后面有专门章节讲到产品创新 36 计的应用方法。

应当看到，产品创新 36 计是一个开放的体系，是一个整合了不同产品创新方法的框架。各种不同的产品创新方法主要来源于对大量成功案例的分析和总结。不同的人对同一个成功的产品可能会有不同的解读，从而形成不同的创新方法。同样，不同的人对产品创新 36 计中的方法可能存在不同的看法，有些人可能认为某些方法不好操作、价值不大，有更好的方法对其替换；有些人可能最终只保留自己认为最有用的几种；也有些人可能会想出更多更好的创新方法。产品创新 36 计的框架和内容并非不能更改，我鼓励每个人在看完本书之后，不断进行思考和实践，最终形成自己独特的产品创新 36 计或者产品创新 72 变。只有破旧，才能立新，这是创新的真谛。

第 2 章

产品功能创新

36 计

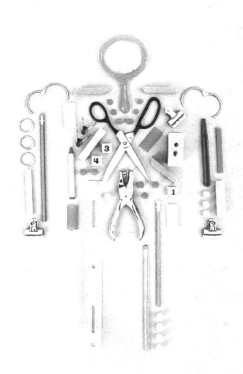

产品创新 36 计
手把手教你如何产生优秀的产品创意

第 **1** 计 产品功能组合创新

一般来说，发明创造有两大类别：一种是原理突破型，就是发现了新的自然规律，探索出新的技术原理，从而产生发明创造；另一种是组合型，它不在于原理的突破，而是利用已有的成熟技术或者已经存在的产品，通过适当组合而形成新的产品。产品功能组合创新是一种最基本的产品创新思路，包括同类功能组合创新、相关功能组合创新、异类功能组合创新。

同类功能组合创新

功能组合创新有多种方式，常见的一种是同类功能组合创新。其基本原理是在保持产品原有功能或原有意义不变的前提下，通过数量的增加来弥补功能上的不足，或获取新的功能、产生新的意义，而这种新功能或新意义是原有产品单独存在时所缺乏的。

图 2-1 所示的产品是德国人厨房中常见的葱花剪，它采用了同类功能组合创新的原理，将几组剪刀片组合起来，在使用时一下顶十下，大大提高了

制作葱花的效率。它发挥出来的效用是一把剪刀所不能相比的。

图2-1　有多组刀片的葱花剪

在家电领域采用同类功能组合创新方法的经典案例之一就是海尔卡萨帝双子云裳分筒洗衣机。如图2-2所示，这款洗衣机有两个筒，上下排列，上层是小筒，主要用来洗涤婴幼儿衣物、高档丝质衣物、小件衣物等；下层是大筒，主要用来清洗大件衣物、日常棉麻衣物等。为什么要发明两个筒的洗衣机？这主要是为了迎合现代消费者的新需求。随着生活水平的提高，消费者对家庭卫生环境越来越重视。为了避免交叉传染，用户往往需要将大人和小孩的衣物分开洗，将内衣和外衣分开洗，但是一台洗衣机很难解决这样的问题。

图2-2　卡萨帝双子云裳洗衣机

如果买两台，不仅家里放不下，而且还要修改上下水管路。双筒洗衣机很好地解决了这个问题。另外，随着生活水平的提高，洗衣方式也发生了变化，以前人们将脏衣服积攒到一堆，等周末集中洗；而现在人们更愿意随时洗，每次只洗一两件。如果用旧式洗衣机洗一两件衣物，需要用一大筒水，非常浪费水资源，而双筒洗衣机同样很好地解决了这个问题。平时少量衣物用小筒洗，省水又省时间；大量衣物可以在周末用大筒洗，集中搞定。

当然，同类功能组合创新并不仅限于对原有功能部件做简单的复制，还可以在复制时做一些变形，以获取新的功能、产生新的意义和价值。

对于智能手机这样同质化竞争激烈的产品，简单的功能组合创新就能使其化腐朽为神奇。图 2-3 是俄罗斯总统普京送给我国领导人的国礼——全球独一无二的双屏手机 YotaPhone，它巧妙地将智能手机的屏幕又复制了一块，但在复制的同时做了变形，即它采用了电子阅读器的墨水屏，这样就使手机拥有了两块屏幕。对于爱好阅读的人来说，长时间用手机来阅读非常累眼，而且在强光环境下很难看清屏幕。而电子墨水屏具有屏幕不闪烁、续航时间长、质感接近纸张等特点，因此，YotaPhone 采用电子墨水屏作为第二块屏幕，为手机阅读者提供了更为舒适的体验。

图 2-3   俄罗斯双屏手机 YotaPhone

相关功能组合创新

第二种功能组合创新是相关功能组合创新。虽然组合在一起的几种功能不尽相同，但它们之间有一定的相关性，都是针对同一类功能发生对象。

在相关功能组合创新方面，最经典的案例或许就是瑞士军刀。如图 2-4 所示，一把小小的瑞士军刀集结了大刀片、小刀片、锥子、罐头起子、螺丝刀，甚至还有小镊子和牙签，几乎可以胜任家里和户外需要这些工具的任何场景。

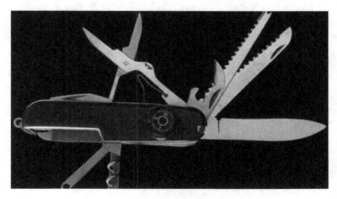

图 2-4　瑞士军刀

在我们的生活中，还有很多使用这种创新手法的产品。下面以具有空气净化功能的空调为例。最近几年，雾霾成为影响空气质量的主要原因，而雾霾中对人体危害最大的成分就是 PM2.5。PM2.5 含有大量有毒、有害物质，在大气中停留时间长、输送距离远，对人体健康和大气环境质量的影响很大。户外的空气质量如此，室内的空气质量也不容忽视。于是根据消费者的需求，传统空调厂商纷纷推出了能够去除 PM2.5 的空调。

空气净化器和空调虽然实现的功能不同，一个是净化室内空气，另一个是调节室内空气温度，但都发挥着调节室内空气小环境的作用。基于提升室内空气质量这一共同目标，这两种功能可以有机组合起来，这就产生了具备空气净化作用的空调。

　　图 2-5 是海信推出的一款空调，除了具有传统空调的所有功能外，还具有空气净化功能。通过采取负离子释放、主动吸附、HIFD 强电场截留等技术手段，它可以高效去除空气中 PM2.5 等尘埃微粒。通过设置高精度滤网，它能够有效过滤空气中的可吸入颗粒物，全面改善室内空气质量，对空气中苯、甲醛、异味的去除率高达 97%。

图 2-5　海信具有空气净化功能的空调

　　考虑到 PM2.5 重度污染期主要集中在春季和秋季，而很多用户在春、秋季不需要使用空调，海尔推出了不同于海信的带空气净化功能的空调，通过技术创新实现了"不开空调就能除 PM2.5"，即不开启空调制冷、制热功能，只通过送风就可去除 PM2.5。

　　中国企业采取功能组合创新方法，创造了可以净化空气的空调。日本家电企业夏普也采取功能组合创新方法，将空气净化器和驱蚊器这两个产品的功能进行了有机组合，发明了"驱蚊空气净化器"。图 2-6 所示的空气净化器不使用任何驱蚊药物，而是利用蚊子喜欢隐藏在暗处的习性，其外部是黑色的，其内部会放射出吸引蚊子的紫外线，并设置有小窗口。蚊子一旦靠近，就会被空气净化器的气流吸入，附着在内部的粘贴网上。这款空气净化器诱捕蚊子的效果非常明显，而且比起蚊香等驱蚊手段，这种物理灭蚊的方式显然更环保健康。这个创意是由身处蚊蝇较多的东南亚地区的夏普工作人员提出的，投产后这款空气净化器在东南亚地区卖得非常好，因此夏普决定将其引进日本。

图 2-6　夏普驱蚊空气净化器

　　相关功能组合的一种特例是相反功能的组合，在这方面非常经典、成功的案例就是带橡皮头的铅笔以及带起钉子功能的锤子。

　　如图 2-7 所示的带橡皮头的铅笔将写字和擦字这两个相反的功能结合在一起，而图 2-8 所示的能起钉子的锤子则将钉钉子和起钉子这两个相反的功能组合在一起，它们都是历史上伟大而又实用的发明。

图 2-7　带橡皮头的铅笔

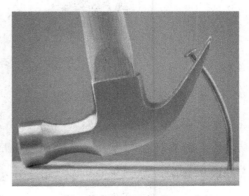

图 2-8　能起钉子的锤子

异类功能组合创新

第三种创新模式是异类功能组合创新，是指两种或两种以上不同领域的技术思想组合或者两种或两种以上不同功能的产品组合。

例如网上有一个很火的创意产品——自行车滚筒洗衣机，这是一个典型的采取异类功能组合创新模式的创意。

图 2-9 所示的带洗衣功能的自行车采用动感单车造型，其主体内部是滚筒洗衣空间，外部是透明玻璃门，用户可以清楚地看到里面的东西。单车脚蹬与洗衣机的滚轴相连，用户将脏衣服和水放进滚筒里，然后坐在上面开始骑行就可以带动滚筒进行"人力洗衣"。这个产品将自行车和洗衣机这两个毫不相干的产品有机地结合在一起，解决了人们生活中的痛点，迎合了现代人士新的生活理念和生活方式，节能、绿色、环保、健康，因此受到用户的喜爱和追捧。

图 2-9　带洗衣功能的动感单车

另一个经典的案例是将餐桌灯与微波炉合二为一的产品创意，如图 2-10 所示。微波炉和餐桌吊灯各尽其职，功能、外观和使用方式都完全不同，两者之间没有丝毫关系，唯一的共同点是都用电。而设计师将两者组合到一起，形成了新的产品。平时它只是吊灯，如果菜凉了，用户可以将它拉下来，罩在盘子上立刻给饭菜加热。

图 2-10　带微波炉功能的餐桌灯

　　功能组合法还有许多种方式，这里就不一一列举了。总之，现代科技表明，在知识激增、信息按指数规律增长的条件下，功能组合法在发明创造和产品创新中的作用越来越重要，在当今许多发明所采用的创造性思维和方法中都有组合式创新的特征。

 评价功能组合效果的三个指标

　　功能组合是一种非常实用而且操作比较简单的创新方法，产品经理或产品研发人员可以借用这种方式比较容易地产生许多有意思的产品创意。但是如何判断将几个功能组合到一起的产品是否有商业价值以及市场竞争力呢？

　　基于对这个方法的多次应用，我们认为首先需要考虑的是用户是否有这方面的痛点或者需求，这是产品创新的基础。其次，我们可以用三个重要的指标来衡量通过产品功能组合法产生的创意是否有商业价值和操作可行性。

　　第一个指标是场景重合度。一种功能对应着一种使用场景。不同功能所对应的使用场景是否存在交叉和重合？如果有，而且这种交叉和重合程度越高，那么这几个功能组合在一起就越有价值和意义。第二个指标是组合性价比。几种功能组合在一起带给用户的性价比越高，那么这种组合就越有价值和意义。对于组合性价比指标，我们可以从多个方面给出评价，可以是带给用户的功能增值，例如增加了一些新的功能；也可以是降低了用户的某些成本，包括空间、时间、能源、学习成本等。第三个指标是这几种功能的使用频率是否一致。如果用户对组合在一起的几个功能的使用频率不一致，那么它们结合在一起就没有什么意义。

用这几个指标来评价那些历史上采取了功能组合创新法的经典案例，我们可以惊奇地发现，所有成功的产品都在应用场景重合度、组合功能性价比、使用频率的一致性方面达到了最优。

综上所述，产品功能组合创新是所有产品创新方法中最基础、最实用、最有效的创新方法，同时我们还可以通过应用场景重合度、组合性价比、使用频率的一致性这几个指标来评价创意成果，使产品功能组合创新方法更易于使用和评判。

第2计 单一功能极致创新

单一功能极致创新是一种与产品功能组合创新相反的思路，强调极简主义，去除一切不必要的功能，最大程度突出产品的核心功能。一个产品想凭借单一功能吸引用户，创造良好的用户体验，就必须将这个单一功能发挥到极致。

将单一功能做到极致说起来容易，做起来很难。众所周知，产品功能需要一定的技术、材料和生产工艺提供支撑，当功能提升到一定程度之后就很难再有所提升和突破。此外，将单一功能做到极致意味着这个产品的质量非常可靠和稳定，它可以使用很多年，所以这种创新思路非常适合一些工艺品、工业和家庭耐用品的创新，同时这样的产品也具有较高的附加值。

在这个科技高度发达、物质极为丰富的时代，消费日趋多元化，消费者也愿意为具有单一极致功能的产品买单。单一功能极致创新强调深入洞察消

费者日常生活中的需求和痛点，找到最真实的应用场景，就某一个核心痛点
进行集中创新和突破，从而带给用户超级体验。

德国人非常擅长将单一功能做到极致。网上盛传，在德国的机场等待办理
登机手续的旅客手里一般都会拎着几个盒子，里面装的十有八九是德国的锅或
菜刀。德国厨具的专业化程度非常高，每个厨具只承担单一的功能，并且将这
种单一功能发挥到了极致。几乎每个德国家庭都有一整套锅具，数量绝不少于
10 只，如平底锅、煎肉锅、煮菜锅、煮面锅、煮牛奶锅等，分工非常细。

曾经有这样一个笑话：一个中国人走进德国人的厨房，惊奇地发现他们
的厨房像一个实验室，各种型号的锅具、刀具分门别类、排成一排，量杯、
量筒等稀奇古怪的用具一应俱全，如图 2-11 所示。就拿切东西来说，在中国
一把菜刀就可以搞定一切，但是在德国厨房，切不同的食品都有专门的工具。

图 2-11　德国的厨具

图 2-12 所示的工具专门为切鸡蛋而设计。有了它，滚圆的鸡蛋不再难切。

图 2-13 所示的切片工具有多组刀片，一刀下去可以将食材切成许多片，
省时又省力。

图 2-12　切鸡蛋工具

图 2-13　切片工具

　　图 2-14 所示的工具是奶酪切刀，刀片上有许多洞，可以防止黄油和奶酪粘在刀上，而且可以降低刀片在奶酪和黄油中的阻力。

　　图 2-15 所示的切菠萝工具一刀下去，将菠萝切成菠萝皮、菠萝肉和菠萝芯三部分，让削菠萝变成一件很简单的事。

图 2-14　奶酪切刀

图 2-15　切菠萝工具

　　将单一功能发挥到极致与其说是一种产品创新思路，倒不如说是一种对待产品的态度，人们称这种态度为"工匠精神"。"工匠精神"是最近几年国内热度非常高的一个词汇，被《咬文嚼字》杂志列为"2016 年十大流行语"之一。

　　工匠精神在我国已经传承千百年了。翻开历史画卷、走进博物馆、穿梭在历史古迹间，你会看到雄浑厚重的青铜器、精美的书画作品、晶莹剔透的玉雕、古朴静雅的宋瓷，抑或是雄伟壮观的兵马俑、绵延万里的长城、大气磅礴的明清故宫……所有这些流传至今的美好、珍贵的事物，无一不凝聚着中国古代工匠们的精、气、魂，诠释着讲究精益求精的工匠精神。百年老店同仁堂的堂训是："炮制虽繁必不敢省人工，品味虽贵必不敢减物力。"这在某种程度上正是对我国工匠追求卓越产品质量的真实写照。

　　但是，当今社会心浮气躁，有不少企业追求眼前利益，忽视产品品质，甚至以次充好，偷工减料。虽然这些企业在短期内能获得小利，但是它们的市场存活空间会越来越小，最终会被消费者遗弃。只有坚守工匠精神，将极致的产品功能和质量体验作为自己的经营目标，企业才能在长期的竞争中获得成功，让自己的产品成为众多用户的骄傲和追捧的焦点。

　　单一功能极致创新既是工匠精神的具体体现，也顺应了极简主义的潮流。这也意味着采取这种创新思路的产品有着巨大的市场空间。但面对复杂的社会经营环境，企业在采取这种创新思路时，需要评估其应用场景和风险，避免将过多的资源投入到没有前途的功能上，造成功能过度。这些评估因素包括：第一，这个具有单一功能的产品是否有着长期的需求或者长期的使用场景；第二，能否通过将单一功能做到极致而极大地增加产品溢价能力；第三，企业在将单一功能做到极致的背后是否有一些独特的资源优势，比如技术优势、生产工艺优势、品牌优势等。

第*3*计 产品功能跨界创新

产品功能跨界创新是一种新锐的创新理念和思维模式，通过将其他行业或应用场景中的产品或产品所具备的功能和价值嫁接或转移到一个新的行业或应用场景中，从而创造出一个新的产品，带来一种全新的用户体验。因此，这也是非常具有颠覆性的创新模式。

简单地说，产品功能跨界创新就是为一个技术或产品找到新的应用场景。这其实不是什么新鲜的创新方式。我国春秋时期有一个著名的跨界创新故事叫作"不龟手之药"。宋国有一个家族世世代代以漂洗衣物为生，由于在冬天也要经常用水漂洗衣物，所以他们发明了一种药膏，涂在手上可以使手不冻裂，不生冻疮。有一个外地人听说这件事，希望用百金买这个药方。于是，这一家人聚在一起商量说："我们世世代代做漂洗，至今也挣不了几个钱。现在卖个药方就可以得到百金，我们还是卖给他吧。"就这样，外地人花了百金得到药方，然后向吴国国王毛遂自荐。当时正值冬天，越国和吴国打仗，吴国国王派他带领军队攻打越国，这个人带着军队和越国打水战，他让士兵都涂上这种药膏，以免手被冻伤，结果把越国打得大败。吴国国王很高兴，拿出一块土地封赏他。同样是一个药方或者一个技术，有人只是用它来制作不冻手的药膏，然后世世代代洗涤衣物；而有人把它用在另外一个场景里面，使其发挥出巨大的作用，借此得到官职和封地。这就是现在说的跨界创新和颠覆式创新。

产品功能跨界创新可以根据跨界的程度（跨场景、跨行业）和产品功能变换的程度（功能变化小、功能变化大）分为 4 种模式，如图 2-16 所示。第一种是跨越行业、产品功能变化很大的模式；第二种是跨越场景但产品功能变化很大的模式；第三种是跨越行业但产品功能变化不大的模式；第四种是跨越场景、产品功能变化不大的模式。总之，无论产品如何跨界，产品最核心功能背后的原理和技术是不会变化的，跨界创新都是为这些原理或技术找到了更多、更有价值的应用场景，解决了用户新的痛点。

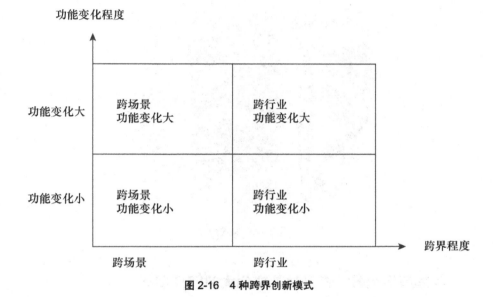

图 2-16　4 种跨界创新模式

跨越行业、产品功能变化大的跨界创新

对于跨越行业、产品功能变化很大的跨界创新，其经典案例之一是微波炉，如图 2-17 所示。微波炉主要利用微波使食物中的极性分子（如水分子）震荡摩擦，产生分子热来加热食物。但最初微波技术主要用于军事。微波炉的发明者是美国雷达工程师珀西·勒巴朗·斯本塞（Percy LeBaron Spencer），他在做雷达实验时偶然发现口袋里的巧克力融化发黏，由此联想到微波可以用来加热食物。后来经过反复设计和实验，1947 年斯本塞及其所在公司推出了第一台家用微波炉。1967 年，微波炉经过不断改进和优化，终

于成为成熟的产品，走进千家万户。微波炉烹饪食物又快又方便，将很多人（尤其是女性）从做饭这种烦琐的家务中解放出来，因此被人们称为"妇女的解放者"。在这个案例中，微波技术从军事领域跨界到民用领域，从雷达搜索功能转变为微波炉的加热功能。

图 2-17　微波炉

 ## 跨越应用场景、产品功能变化大的跨界创新

从跨界的范围大小来看，应用场景是一个比行业小的范围。在有些跨界创新中，行业没有变，只是应用场景发生了变化。图 2-18 所示的产品是有段时间在网上热度非常高的家用制肥机器，可以把厨房垃圾变成肥料。它采用了典型的跨场景、产品功能变化大的跨界思维，将洗衣机和食品搅拌机的相关功能和技术结合起来，通过加热和搅拌将厨房垃圾打碎并形成很小的固体颗粒。在其工作过程中，不需要加入水分或者任何特别的化学成分，也不需要在某个时候排出水分或者其他成分，甚至还配备了一个特殊的过滤器来清除臭味。最后你可以将形成的小颗粒收集起来，作为家中的植物肥料。当然，你也可以将制作好的肥料倒在小区的花坛里。

图 2-18　家庭制肥机

当前，大城市的垃圾分类和收费管理越来越严格，低成本处理厨房垃圾已经成为城市家庭普遍的刚性需求。这个产品有效地将厨房垃圾转化为对环境有益的肥料，不仅不污染环境，而且为家庭用户节省了一笔垃圾处理费用。据说，日本、韩国等国家已经在使用类似的产品。基于用户的一个新需求，将用在洗衣机和食品搅拌机上的成熟技术转换一下应用场景，就诞生了一个新的产品，的确是一个跨界创新的经典案例。

 跨行业但产品功能变化不大的跨界创新

有些跨界创新虽然跨越了行业，但是功能变化并不大。图 2-19 是一款 3D 打印机，但它不是在工厂或实验室常见的 3D 打印机，而是一款应用在厨房的 3D 食品打印机。这是一个典型的跨行业但产品功能变化不大的跨界创新。我在 2014 年深圳技术交易会上看到国外参展商现场展示了这种 3D 食品打印机，它可以制作比萨、汉堡、曲奇，以及花样繁多的巧克力；它的 3D 打印材料都是调好的新鲜食物，比如胡萝卜汁拌蔬菜泥等。此外，这种 3D 食品打印机还可以打印出各式各样的可食用容器，如图 2-20 所示。

图 2-19　3D 食品打印机

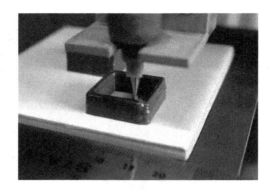

图 2-20　3D 食品打印机打印可食用容器

跨场景且产品功能变化不大的跨界创新

　　有些跨界创新跨越的范围不是很大，产品的功能变化也不是很大。图 2-21 是一个袖珍便携式风力发电机，采用了工业上的风力涡轮机发电的原理，主要用于给手机充电。整个机器包括一台 15 瓦的发电机和一块 15 000 毫安时的电池，用户在不使用时可以将它折叠成一个高度约合 30 厘米的圆柱体。在使用时打开它，它就变成能给 USB 设备充电的立式涡轮机，只要在有微风的情况下就可以转动，从而产生电力并存储在自身的电池里。一旦存满电后，它可以为手机充电 4 ～ 6 次。精巧的结构设计使这款产品非常轻巧和便携，适合在户外旅行时给手机充电。

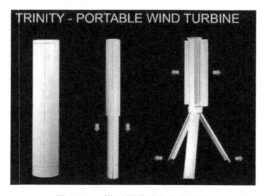

图 2-21　微型便携式风力发电机

这个可爱的发电机采取的是跨场景、功能变化不大的跨界创新模式，这为我们提供了一个创新思路。一些成熟的工业产品在实现小型化和移动化后，就可以走进家庭这个新的场景，产生颠覆传统的家用产品。

综上所述，产品功能跨界创新跨的是行业和应用场景，不变的是功能背后的技术和实现原理。使用这种创新方法容易产生颠覆性的产品，开发出一些本行业或者本场景没有的全新的产品品类，形成差异化的竞争优势。因此，企业经营者和产品研发人员一方面要开拓自身的视野，多借鉴其他行业的成功经验和成熟技术；另一方面要采取开放式创新模式，将其他行业的专家纳入自身的创新体系，产生新的产品创意，从而有效推动产品功能跨界创新。

第4计　产品移动性和便携性创新

目前我们正处于移动化时代，无论生产、生活还是办公，都会在不同的时间和空间快速切换。一个在常态下是静止、固定状态的产品，一旦被赋予可以移动的功能，随时随地伴随在用户身边，满足用户的即时性功能需求，就会立刻变得神奇起来，开辟出新的应用场景和商机。从笔记本电脑对台式电脑的替代到手机对固定电话的替代，无数案例说明增加移动性和便携性是常见的、成功的产品创新方式。

如何让产品动起来？仔细想来，可行的办法其实也不多，主要包括三种方式：第一，给产品加个轮子，让它动起来；第二，缩小体积，便于携带和移动；第三，给产品装个翅膀，让它能飞起来。

给产品加个轮子，增加其移动性，是最简单的产品创新方法。带着房子去旅行，于是发明了房车；行李箱太重，不好拿，安装上轮子，于是发明了拉杆箱；椅子移动不方便，加上轮子，于是发明了移动办公椅。

　　将产品体积缩小，使其变轻，便于携带，增加其移动性，这种方法实现起来相对较难，有时候需要对其功能实现原理进行创新。

　　图2-22所示的产品是海尔的迷你便携洗衣机，它的体积非常小，比一支口红大不了多少。从外形上看，它已经不是传统意义上的洗衣机了，而是采用新型原理实现洗净效果的洗衣机。它主要针对衣服上小块酒渍、血渍、油污进行局部清洗。具体使用方法是：先在衣物污垢部分的背面铺上吸油纸，然后在污垢部分涂上液体洗涤剂，接下来用迷你洗衣机的拍打头对着污垢处边喷水边拍洗。拍打头可以实现每分钟700次的拍打，最终污垢会被洗涤剂包围并转移到吸油纸上。这种洗涤模式被称为"挤压洗"，一次所需要的水量仅为10mL，持续时间30秒，不仅环保，而且对织物的损伤也比较小，最重要的是消耗的时间非常少。这款产品改变了必须在家里洗衣服、必须洗整件衣服的传统洗衣模式，让人们可以随时随地洗衣服，而且做到哪里脏了洗哪里，因此是一个颠覆传统洗衣模式的产品。

图2-22　海尔迷你便携洗衣机

　　图2-23所示的产品是一个移动版的显微镜。以往显微镜是一个又大又沉

的实验设备，而这个移动版显微镜体积非常小，利用 iPhone 手机的屏幕作为目镜。它省略了传统显微镜必备的反光镜和粗细对焦调节旋钮，但性能丝毫不差，放大倍率达到 800 倍，能观察到直径 1 微米的微生物。如果将最新的 iPhone 手机作为目镜，放大倍数可以扩增到 2 000 倍，接近光学衍射极限。学生们可以把这个移动版显微镜带到大自然中去，随时随地观察他们感兴趣的东西，还能截取画面，通过社交 App 分享给朋友们。

图 2-23　移动版显微镜

这个创新案例带给我们的启发是，我们可以充分利用手机等终端的强大功能，特别是移动功能（通信传输、拍照、屏幕显示、声音、计算能力、人机交互等），改造传统设备，使传统设备具有移动性、便携性和易用性等特点，从而实现对传统设备的颠覆。

给产品装上翅膀，让产品飞起来，不仅可以在地面上移动，而且可以上天入地，这是一种更酷的增加产品移动性的创新模式。

图 2-24 所示为一款火爆的无人机，从某种意义上来说其实就是为摄像机装上了翅膀，增加了移动功能，而且是飞天遁地的移动功能，使普通人可以

从另外一个视角来欣赏世界。

图 2-24　具有摄影功能的无人机

　　前面说过，苏联的发明家、教育家和创新发明理论 TRIZ 的创始人阿奇舒勒提出了技术系统进化法则。他认为技术系统（或者实现系统功能的技术）是会不断升级和发展的。所有技术系统的进化都遵循一定的客观规律，就如同大自然生物进化一样，是一个从低级向高级变化的过程。阿奇舒勒给出了技术系统进化的八个法则，其中一个法则就是动态性进化法则。这个进化法则是指技术系统的动态性进化应沿着增加结构柔性、可移动性、可控性的方向发展，以适应环境状况或操作方式的变化。简单地说，增加移动性就是技术系统不断升级、进化的一个方向。

　　随着技术进步和外部环境的变化，增加产品移动性是一个必然的发展方向，所以我们应该有意识地在产品的移动性方面进行创新，提前进行产品开发和市场布局。这样不仅可以满足用户的潜在需求，还可以引导用户的需求，先于竞争对手形成市场潮流。

第 5 计　模块化创新

所谓模块化就是将复杂系统分解为许多相互独立的、方便管理的多个模块或组件的方式。每个模块完成一个特定的子功能，所有模块按某种方法组装成为一个整体，就可以完成整个系统所要求的功能。在系统的结构中，模块是可组合、分解和更换的单元，各个模块可独立工作，即使单个模块出现故障也不会影响整个系统的工作。

模块化是一种富有哲理的创新思维方法。用它来分析复杂系统和解决大型问题，可使问题简化、条理分明，进而提高解决问题的效率并获得良好的质量和效益。模块化是现代标准化的核心和前沿，是解决产品多品种、小批量问题与周期、质量、成本三者之间矛盾的主要手段。21 世纪的生产模式是大规模定制，模块化是其前提和基础。

在互联网时代，模块化的创新思路响应了消费者个性化的消费主张，使产品制造从以前大规模标准化制造变成大规模个性化定制，可以满足消费者多样化的需求和帮助企业适应激烈的市场竞争。在多品种、小批量的生产模式下，模块化有助于实现最佳效益。

要实现模块化，首先需要对产品族进行分析，把其中相同或相似的功能单元或要素分离出来，然后归并、集成、统一为同一系列的标准单元（模块），最后用不同的模块构成多样化的产品。模块化的特点包括通用化、系列化、组合化、典型化和接口规范化。

摩托罗拉的 Project Ara 项目是一个非常经典的模块化创新案例。该项目旨在将手机各个部件模块化，为用户提供高度定制的智能手机，如图 2-25 所示。通过利用第三方厂商提供的设备模块，用户可以自行组装智能手机，就像搭积木一样。Project Ara 是一个硬件平台，该项目不仅能够实现手机外观定制，还能对手机内部的零部件进行更新，如图 2-26 所示。

图 2-25　摩托罗拉模块化手机 Project Ara

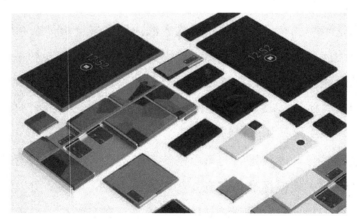

图 2-26　摩托罗拉模块化手机 Project Ara 的丰富模块

联想自从收购了摩托罗拉之后，借鉴 Project Ara 的模块化思路，立刻推出了一款简化版的模块化手机 Moto Z 系列。Moto Z 系列手机最引人瞩目的是手机本身并不是模块化的，而是带了 5 个模块化配件，如图 2-27 所示。这些配件可以通过 Moto Z 手机背后的触点贴附在手机上，增加手机新的功能，或者使原有功能增强。这一点非常类似于传统单反相机的数码后背。这 5 个配件分别是哈苏摄影模块、投影模块、JBL 扬声器模块、电池模块和普通的背壳模块。其中最吸引人眼球的是哈苏摄影模块,它可以让手机具备 10 倍光学变焦能力,瞬间变为一款专业的数码相机,如图 2-28 所示。这个模块经过了专门的摄影优化和拍摄场景设计,不仅可以让手机拍摄出专业级的照片,还可以让用户将照片迅速分享给社交平台上的好友。其他模块的功能也十分强大、各具特色。投影模块可以在任意平面投放出最大 70 英寸的投影画面,并且具有自动梯形校正功能,还附带一体式的支架,如图 2-29 所示;JBL 扬声器模块就像为手机配备了一个音箱,外放音效惊人;电池模块可以为手机增加2 220 毫安时的额外电池容量,并支持无线充电,从此再也不需要充电宝了;此外,普通的背壳模块有原木、真皮等多种材质可供选择,让手机更能彰显用户的个性。这种模块化手机颠覆了传统智能手机,拥有更为广泛的应用场景。

图 2-27　联想模块化手机 Moto Z 系列

图 2-28　联想模块化手机的哈苏模块

图 2-29　联想模块化手机的投影模块

传统家电厂商在模块化创新方面也不甘居于人后，例如海尔的空气魔方空气净化器就是一个典型的模块化产品创新成果。该款产品拥有加湿、净化、香薰、除湿四个模块，可叠加使用，也可单独使用，如图 2-30 所示。它解决了目前家庭空气质量差、空气类产品多、占用空间大等难题，用户可根据季节及家庭成员需求自由选购不同模块。

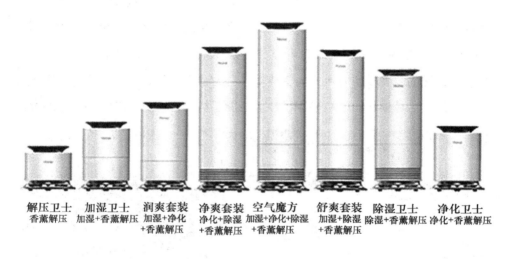

解压卫士　加湿卫士　润爽套装　净爽套装　空气魔方　舒爽套装　除湿卫士　净化卫士
香薰解压　加湿+香薰解压　加湿+净化+香薰解压　净化+除湿+香薰解压　加湿+净化+除湿+香薰解压　加湿+除湿+香薰解压　除湿+香薰解压　净化+香薰解压

图 2-30　海尔空气魔方的众多组合

模块化创新模式是一种新型的、潮流型的创新模式，其中蕴含了多种创新思维。第一，模块化创新是产品功能组合创新的最直接体现，可以实现不同功能之间的多种组合方式；第二，模块化创新迎合了个性化 DIY 的消费潮流，用户可以基于个人喜好购买不同的功能模块进行重组，从而组成最适合自己的个性化产品；第三，模块化创新是一种建立在开放式平台思维模式上的创新方法，为了满足用户的个性化需求，产品就要有多种多样的功能模块，企业就有必要保持一个开放的体系，吸引广泛的社会资源参与相关模块的研发和生产。参与的社会资源越多，产生的模块也会越丰富多彩，还会有越多的用户关注和购买该产品。这样就能从一个模块化产品形成一个良性循环的生态系统，做大整个产品产业链。

第 **6** 计 自动化和智能化创新

自动化和智能化与其说是一种产品功能创新方法，倒不如说它是产品功能创新所追求的一个终极目标。

自动化是指不需要用户参与和动手操作，只需要用户输入一个指令，产品就可以自动实现相关的功能；智能化是指不需要用户输入任何指令，产品凭借以往对用户使用经验和行为数据的积累以及自学习能力，自动地在合适的时间为用户提供针对性的功能和服务。

随着物联网技术的迅猛发展、传感器技术的日趋成熟、计算芯片存储和运算功能的突飞猛进以及大数据和云计算的快速普及，智能化已经不再是一个遥不可及的梦想。在产品功能自动化和智能化创新方向每前进一小步，都是用户体验升级的一大步。对传统产品进行智能化升级改造，已经成为产品创新的一个重要方向。

图 2-31 所示的产品是以色列人发明的一个小型智能设备，它可以让老式空调变得智能起来。

它的使用方法非常简单。如图 2-32 所示，只需要将其吸附在任何非智能空调上，然后将其和家里的网络连接，用户就可以通过安卓手机、iPhone 上的应用程序进行控制。无论用户是在上班还是在回家的路上，或者在其他地方，一旦有了 Sensibo 所有的空调都可以和互联网连接，用户只要动动手指就能控制家里的所有空调！

图 2-31　以色列人发明的 Sensibo 智能硬件

图 2-32　将 Sensibo 直接吸附在空调上

　　Sensibo 还有一系列侦测功能，能够探测空调滤网的干净程度，提醒用户及时清洗和更换。通过 iBeacon 技术，它能够侦测哪个房间里面有人，并且开启相应的空调；或者在用户离开以后关闭空调，用户可以不必自己开关空调。这样不仅可以方便用户，还可以节能节电。另外，它还能够掌握用户的作息习惯，并根据收集到的作息表来确定空调运作规律。

　　图 2-33 所示是一个看上去很普通的烤箱，但是它配备上了智能化技术。首先它具有人机交互功能，能识别自然语音，用户可以用语音来操控烤箱。

同时，它还连接着有烧烤信息的数据库。用户通过语音提出几个关于烧烤者口味和偏好的要求之后，这个烤箱参照数据库中的烧烤信息就可以自动烤出很不错的食物。此外，该智能烤箱有"学习模块"，允许数据库更新，能记录主人的个人喜好，比如你喜欢吃鸡肉还是牛肉，喜欢几成熟的食物。

图 2-33   智能烤箱

相对而言，智能化功能的实现有时候还依赖于自动化水平的提高。但由于受到机械设备、电机、轴承等零部件以及复杂的使用场景的影响，智能化水平较难提高。

例如，全自动洗衣机在洗衣方面已经实现了自动化甚至智能化，它可以自动识别衣料、重量，从而智能地采取合适的洗衣模式，完成衣物的洗涤。但是分拣衣物，将衣服分门别类地放入洗衣机，将洗好的衣服拿出来、熨烫好、放入衣柜，这些看似简单的动作还需要用户亲自操作。国外有团队开展了这方面的研究和创新，也许在不久的将来就会有一个颠覆性的、真正的全自动智能洗衣机诞生，实现衣物洗涤管理的全过程自动化和智能化。

在吃的方面，国外已经有一款高大上的自动做饭机问世了。它真的是自动化和智能化的结合。图 2-34 所示的这款全自动厨房机最核心的部件是两条非常昂贵的机械手臂和两个更加昂贵的机械手掌。此外，这款厨房机还包含水槽、炉灶、烤箱等传统厨房用具。当用户按击启动按钮之后，两条机械臂就会按照指定的程序开始烹饪，大约 30 分钟就可以完成一份菜品的制作。

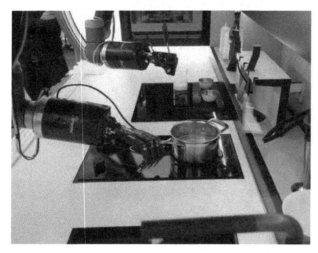

图 2-34　全自动厨房机

不过，这样的智能化和自动化产品还相当初级，真正将自动化和智能化合二为一的恐怕就是机器人了。图 2-35 所示是日本软银公司于 2015 年 6 月 20 日正式推出的家庭机器人 Pepper，当时市场销售非常火爆，刚上市 1 分钟 1 000 台机器人就已售罄。Pepper 的定位是具有情感的家庭生活沟通机器人，它可以通过自然语音与用户交流，还可以读懂人类情感，做出相应的反应，并且在胸前的屏幕上显示出来。在老龄化严重的日本，老年人经常抱怨与年轻人难以沟通，或者子女不在身边，生活中缺乏倾诉对象。因此，Pepper 受到了这些老年朋友的热烈欢迎。

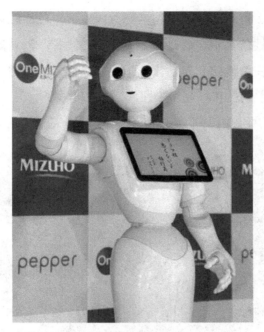

图 2-35　日本软银公司的家庭机器人 Pepper

在法国、荷兰、比利时等国家，60 多家养老院引进了另外一款 Nao 机器人，如图 2-36 所示。Nao 是 Aldebaran Robotics 公司研发的人工智能机器人。它拥有可爱的外形和灵活的四肢，可以做各种复杂的动作，而且具备较高的人工智能水平，能够与用户亲切地互动。在养老院，Nao 可以与老人逗乐、聊天，甚至可以给老人们捶捶背，受到许多老年人的欢迎。他们把 Nao 当作生活中的重要一员，许多养老院计划引入更多的 Nao 机器人。

不仅在养老院，Nao 机器人还被顶尖高校和实验室用于科研领域，这些研究项目包括语音识别、视频处理、模式识别、自闭症治疗、多智能体系统、自动化、信号处理、全身运动以及路径规划等。

如前所述，技术系统会不断升级和发展。阿奇舒勒给出了技术系统进化的八个法则，其中一个法则是动态性进化法则。这个法则是指技术系统应沿着增加结构柔性、可移动性、可控性的方向发展，以适应环境状况或操作方式的变化。可控性就是指自动化和智能化。在进行产品功能创新的时候，我们可以有意识地在智能化和自动化方面开动脑筋，提前进行产品开发和市场布局，争取市场主动性和行业领先性。

图 2-36　Aldebaran Robotics 公司研发的人工智能机器人 Nao

在自动化和智能化的创新模式中，技术成为最核心的创新要素，而且当前全球在这方面的科技成果也是突飞猛进、日新月异。产品研发人员应该对自动化和智能化科技成果、商业应用保持敏锐的洞察和跟踪，或许一直阻碍产品实现自动化和智能化的某个技术在未来的某一天就会变成现实。

第3章
产品结构创新

36 ^计

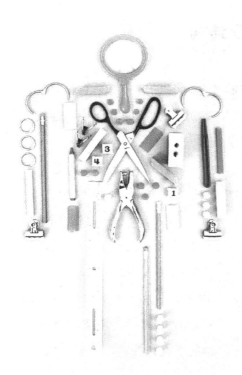

产品创新 36 计

手把手教你如何产生优秀的产品创意

第7计 折叠、铰链和嵌套结构

"咔吱，咔吱……汽车人，变形，出发。"擎天柱的这句经典台词，可以说已经深深地烙在每一个"70后""80后""90后"男孩的脑海中，他们在童年时代最想要的玩具可能就是变形金刚了。

图3-1 变形金刚

可以说，变形金刚是一款神奇的、具有颠覆性的产品。如图3-1所示，它不是汽车模型，也不是机器人玩偶，而是既可以由机器人变成汽车，也可以由汽车变成机器人。实现这种神奇效果的技巧，其实就是简单的折叠、铰链、嵌套结构。

先来简单介绍一下这三种结构。折叠结构是一种用时展开、不用时可收起的结构，一般可重复使用。折叠后，物品的体积小，便于运输及储存，常见的折叠雨伞就是一种典型的折叠结构。铰链又称合页，是用来连接两个固体并允许两者之间可以转动的机械装置。铰链由可移动的组件构成，或者由可折叠的材料构成。我们以前用的翻盖手机就是通过铰链结构对传统的直板手机进行了创新。嵌套是指设法使物体彼此吻合、配合或嵌合，简单地说就是把一个物体嵌入另外一个物体，然后将这两个物体再嵌入第三个物体，以此类推。生活中使用嵌套结构的产品比比皆是，例如伸缩教鞭、鱼竿、吊车等。

折叠、铰链、嵌套结构也是一种重要的产品创新方式，通过在产品结构上的创新最大程度地发挥产品的功能和价值。采取折叠、铰链和嵌套结构主要是对产品在空间形态上进行改变和优化，使产品功能的发挥不受空间位置和大小的影响。因此，有时候如果一个产品的功能因为空间、位置或方向而无法最大程度地发挥出来，我们就可以在结构方面进行优化和创新，例如采取折叠、铰链和嵌套的结构设计。

图 3-2 所示的情况是我们在使用插线板时经常遇到的尴尬事。现在的插头设计得千奇百怪，有时一个插头要占两三个插孔的位置，总有一个插头由于尺寸或形态的问题无法插到插线板上。采取折叠和铰链的结构创新方式可以很好地解决这个问题。图 3-3 和图 3-4 所示的全新的插线板采取了折叠和铰链的结构，通过产品形态上的变形摆脱了空间对其功能的限制。

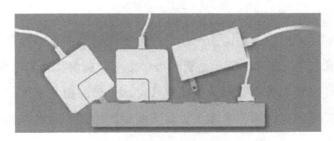

图 3-2　直板插线板的插孔无法充分利用

图 3-3 　平面折叠插线板

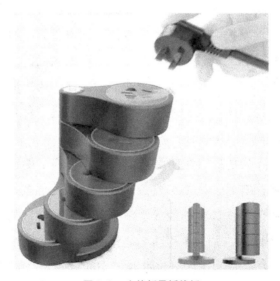

图 3-4 　立体折叠插线板

　　在生活中，采用折叠结构的产品十分常见。越是在狭小的空间，折叠结构就越有用武之地。图 3-5 所示是厨房里一个可以自由移动和弯曲的水龙头，它的工业设计灵感来自台灯的关节式臂杆。这个产品由一系列关节式铰链构成，用户不仅可以自由地将水龙头拉长或缩短，而且可以自由地调节水龙头的出水角度。

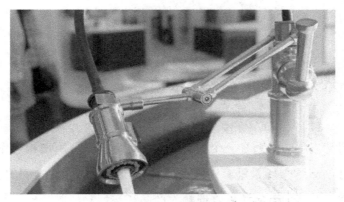

图 3-5　可自由伸缩和调整方向的水龙头

　　在产品结构创新中，折叠、铰链、嵌套结构的确是一种神奇的结构创新模式。这种结构创新带来的巨大好处主要体现在两个方面。第一是可以减少产品的体积和重量，使产品便于携带和存放。例如，超市的手推车可以嵌套在一起，减少占地空间；伸缩式的摄像机三脚架在用的时候打开，不用的时候收起来，便于携带。第二是使产品适应更复杂的使用环境。例如，吊车的吊臂使用嵌套结构，将多节吊臂嵌套起来，可以将东西吊到需要的高度。

　　折叠、铰链、嵌套结构除了可以使产品在空间方面具有巨大优势以外，还可以让材料的性质发生改变。折叠、铰链结构从效果上可以使一个刚性物体变得柔软和容易变形，而刚性物体变柔软或者变形后就可以实现更多的功能。例如，与铁棍相比，铁链既有钢铁的坚固，又有绳子的柔韧，可以用来系船锚。嵌套结构可以改变材料在不同部位的性质，从而使材料发挥特殊的功能。例如，金属电线外面包一层橡胶皮，相当于将金属材料嵌套在橡胶材料里面，这样可以起到绝缘的作用，防止电线在电力传输过程中漏电。

　　综上所述，折叠、铰链、嵌套结构是一种常见的产品结构创新方式。这种创新方式可以在不改变技术和功能原理的情况下大大提升产品的性能，从而提升产品的竞争优势。

第8计　改变相互作用关系

改变相互作用的关系是一个很有意思的创新方式。所谓相互作用的关系，我们在产品创新这个场景里可以简单理解为产品不同部件之间的相对作用关系，再拓展一下这个概念还可以理解为产品在实现功能时与外界的作用关系。

在使用一个很普通的产品时，大家对其内部不同部件之间的相对作用关系已经非常了解。如果在不影响产品功能发挥的情况下，改变其内部不同部件之间的相对作用关系，一定会带给用户全新的体验，甚至带来震撼的效果。

大家对钟表非常熟悉，一个表盘加上几个滴滴答答不停走动的指针，再平常不过了。如何通过创新让钟表焕发新意？设计师采取改变相互作用关系的创新思路，设计了一个全新的挂钟，如图3-6所示。

图3-6　表盘可以转动的大挂钟

这个挂钟直径有 56 厘米，是一个完全由齿轮构成的大家伙。它的表盘是一个大齿轮，上面一圈是 12 个小时的刻度。整个钟表只有一个指针，而且这个指针是固定不动的，永远指在正上方，运动的是这个巨大的表盘。通过改变表盘和指针的相对运动关系，这个大钟表带给用户一种震撼的效果。整个表盘在一套复杂的齿轮系统的驱动下缓缓地转动，而固定的表针标示着表盘上不断流动的时间刻度，整个钟表给用户带来一种工业美与科幻美相结合的双重感受。

图 3-7 所示的这款产品也是一个通过改变相互作用关系而带来超高人气的迷你打印机。

图 3-7   可在纸面上移动的迷你打印机

这是一家以色列创业公司推出的一款真正能"移动"的迷你打印机。与传统打印机"纸动，打印机不动"的工作原理恰好相反，这款迷你型行走式打印机将一个喷墨打印头装在滚轮上，让打印机在静止的纸上打印。它像一辆遥控小车，具备一套精密的移动控制系统，可以在任何平展的物体表面上精确地沿任何轨迹和方向移动。通过无线连接方式，打印机便可以将电脑或手机里的内容打印在纸上。

这种颠覆性的创新使打印机摆脱了空间的束缚，理论上它可以在任何比较平的物体上进行打印。以往，你想在你的 T 恤衫上打印一个个性化的图案几乎是不可能的，现在只需要把它放到摆平的 T 恤上，按下打印键即可。

在我们的生活中，体现出改变相互作用关系这种创新思想的产品比比皆是。跑步机就是一个典型的案例。传统跑步方式都是路不动人动，但是在室内有限的空间，为了让人们也可以享受跑步的乐趣以及跑步带来的健身效果，跑步机就诞生了。如图 3-8 所示，人的位置不动，路（传送皮带）在不停地移动。除此之外，木工用的电动车床也是同样的道理。过去都是木工在动（拉锯），木头固定不动，这样非常消耗木工的体力。现在的电动车床是电锯位置不动，木头在动，木工师傅只需推动木头前进。

图 3-8　跑步机

在产品结构上改变不同组件之间的相互作用关系，其实是一种逆向思维模式。所谓逆向思维，就是对司空见惯的、似乎已成定论的事物或观点反过来思考，是用绝大多数人没有想到的思维方式去思考问题。运用逆向思维去思考和处理问题往往可以达到一种"出奇制胜"的效果。

逆向思维在各种领域、各种活动中都有适用性。由于对立统一规律是普遍适用的，而对立统一的形式又是多种多样的，有一种对立统一的形式就相应地有一种逆向思维的角度。所以，逆向思维也有无限多种形式。这些形式包括性质上对立两极的转换，如软与硬、高与低等；结构、位置上的互换、颠倒，如上与下、左与右等；过程上的逆转，如气态变液态或液态变气态、电转为磁或磁转为电等。不论哪种形式，只要从一个方面想到与其对立的另一个方面，都是逆向思维。

逆向思维法有三种类型。第一种是反转型逆向思维法。这种方法是指从已知事物的相反方向进行思考，常常从事物的功能、结构、因果关系三个方面作反向思维。例如，市场上出售的无烟煎鱼锅就是把热源由锅的下面转变为安装到锅的上面，这是利用逆向思维对产品的结构进行反转型思考的产物。第二种是转换型逆向思维法。这是指在研究一个问题时解决该问题的常规手段受阻，但转换另一种手段或转换思考角度可以使问题顺利解决。历史上被传为佳话的司马光砸缸的故事，实质上就是一个用转换型逆向思维法的案例。由于司马光不能通过爬进缸中救人（人离开水）的手段解决问题，因而他就转换另一手段——破缸留人（水离开人），顺利地解决了问题。第三种是缺点逆向思维法。这是指将事物的缺点变为可利用的东西，化被动为主动，化不利为有利。这种方法并不以克服事物的缺点为目的，而是化弊为利，找到解决问题的方法。例如，金属腐蚀是一种坏事，但人们利用金属腐蚀原理生产金属粉末或进行电镀，这无疑是缺点逆向思维法的一种应用。

第*9*计 分布式结构

分布式在计算机领域是一个很常见的概念。例如，分布式计算是研究如何把一个巨大的计算任务分解成许多小任务，然后利用许多台普通计算机完成这些小任务；分布式网络存储是研究如何将庞大的数据资源分散存储在许多台独立的机器设备上。

在产品创新中，分布式创新思维其实是一种解决物理矛盾的分离原理。什么是物理矛盾？科学创新方法 TRIZ 的发明人阿奇舒勒认为，当一个技术系统的工程参数具有相反的需求时就出现了物理矛盾。例如系统的某个参数既要出现又要不存在，或既要高又要低，或既要大又要小等。分离原理是阿奇舒勒针对物理矛盾而提出的，可归纳概括为四大分离原理，分别是空间分离、时间分离、基于条件的分离和系统级别分离。分布式计算和分布式存储都采用了空间分离原理来解决计算机的计算和存储过程中的矛盾。

我们在产品创新过程中，特别是处理产品内部各个功能部件之间的关系时，针对一些物理矛盾可以考虑采取分布式的结构创新思考模式。例如，在空间面积比较大的建筑物室内，普通空调的制冷效果不佳，离空调近的地方比较冷，离空调远的地方又比较热。我们希望空调制冷的范围要足够大，但是冷风吹不了这么远，这就产生了空调制冷量与房子空间的矛盾，于是出现了分布式中央空调。这种空调一分为二，一部分是出风口，另一部分是主机。出风口均匀地分布到室内的许多地方，它们之间用管道连接，然后统一连接到主机上，主机只需要一个就行了。

在其他行业，基于阿奇舒勒分离原理的分布式结构创新也有广泛应用。

例如，我们现在经常乘坐的动车组列车其实就是采用了分布式的创新原理。传统火车的动力来源于火车头，这种火车叫作"动力集中式列车"，主要由一台动力机车牵引数个无动力车厢在轨道上行驶。而动车组就是"动力分布式列车"，如图 3-9 所示，其特点是动力来源分散在各个车厢的发动机上，而不是集中在机车上。与动力集中式列车相比，动力分布式列车的好处首先是动力效率较高，每节车厢都产生动力总比单靠火车头产生动力强；其次是制动效果好；然后是对铁路的线型及路轨的要求较低；最后是易于维修，因为电动机多，即使有一两组电动机发生故障，列车也能正常行驶。

图 3-9　动车组列车

在通信设备领域，分布式的经典案例是华为的分布式基站。当年华为刚进入欧洲市场时，公司还很弱小，知名度很低。欧洲本身是 GSM、3G 等移动通信技术的发源地。爱立信、西门子、诺基亚、阿尔卡特等通信设备商都是在欧洲土生土长的巨无霸企业，在当地通信设备市场处于绝对垄断地位。华为要想打开欧洲市场可谓比登天还难，甚至一度还被客户当作骗子公司。当时，华为认识到只有通过创新，提供比竞争对手更好的产品和服务，才能赢得客户的信赖，打开市场局面。功夫不负有心人，华为终于获得了一次千载难逢的机会。荷兰一家小型电信运营公司 Telfort 获得一张 3G 牌照，准备购买 3G 设备。但是一个巨大的难题摆在眼前，原来的机房都被 2G 网络设备占满了，想要建设 3G 网络就要重新建设机房，这是一笔很大的开支。Telfort 想找欧洲的主流通信设备商为它单独设计一款小型的 3G 设备，这样就可以塞到原来的 2G 设备机房里面。一开始找到了诺基亚，因为 Telfort 的 2G 设备是诺基亚的，但是诺基亚根本看不上这个小客户，不愿意投入时间和人力单独为 Telfort 设计小型 3G 设备。没有办法，Telfort 又找到了当时欧洲 3G 通信设备商排名第一的爱立信，结果也被拒绝。百般无奈之下，Telfort 找到了华为，看看华为能不能满足它的要求。针对这个特殊要求，华为很快就想到了一个解决方案——分布式基站，像分布式空调一样，将基站做成两部分，一部分放到室外，另一部分放到室内。室内部分可以做成 DVD 播放机一般大小，而且可以做成几个，直接钉到原来 2G 设备所在机房的四周墙壁上，根本不占用原来机房的室内空间。最终，华为的创新型产品赢得了客户的信赖，在欧洲市场树立起了自己的口碑。几年以后，当时排名世界第一的电信运营商沃达丰的西班牙分公司也采用了华为的分布式 3G 基站，并且取得了良好的商业效果。经过国际主流电信运营商的检验，华为的分布式基站一炮打响，在欧洲正式确立了主流电信设备商的地位。

分布式化整为零的原理不仅可以应用在产品创新领域，也可以成功地应用于服务创新领域。例如，我们买房子、买车常用到的分期付款就是一种典型的采取分布式创新思想的商业模式，它是一种在时间维度上的分离原理，把以前需要一次性付清的钱延长到以后几个月陆续支付，降低了顾客购买产品的门槛。这样一来，顾客可以立刻拿到产品，而商家也可以多卖产品，只要顾客拿得出首付就行。

基于条件分离原理的分布式创新模式相对比较复杂，但生活中这样的案例也很多。它是指根据一定的条件决定产品部件之间是否分离，满足条件就分离，不满足条件就不分离。如图 3-10 所示的石拱桥就是一个很好的案例。当水位很低时，水只能从一个桥孔流出；当水位很高时，水可以从很多桥孔流出，有利于加快水的流动和保证桥的安全。大桥孔发挥作用还是大小桥孔一起发挥作用，由水位的高低决定。同样，在电影院和球赛场，观众进场时开放的门很少，只有几个；但是在散场的时候，几乎所有的门都打开了，以尽快疏散人群。打开多少门是由人流量决定的，因此这也是一种典型的基于条件分离原理的分布式结构创新。

基于分离原理的分布式结构创新是一种非常有效的创新思考模式，它将我们思考和分析问题的角度由整体下放到局部，让我们研究产品内部部件之间在空间、时间以及一定条件下的关系，并对这种关系做出一定程度的改变，从而产生激动人心的效果，达到产品和服务创新的目的。

图 3-10　石拱桥

第10计　柔性结构

"柔性"这个词从字面意思上非常容易理解，就是柔软的意思。柔软的好处就是能适应复杂的外部环境。我国哲学家老子说过，做人要像水一样，要柔软，因形就势，能适应任何环境。老子还拿牙齿和舌头做比喻，人老了，坚硬的牙齿都掉光了，但是柔软的舌头依然还在。

最近几年，"柔性"这个词在企业生产、组织变革中非常流行。企业在生产方面提出柔性制造，强调制造过程的可变性、可调整性，是为了保证生产系统对复杂环境变化的适应能力；企业推行柔性组织结构，是为了应对企业内外部复杂的生存环境。

我们在产品创新中，特别是在研究产品内部各个部件之间的关系时强调柔性结构，也是为了让产品能更好地适应未来复杂的使用环境。因此，产品的使用环境越复杂，产品的柔性结构就越有价值。

例如，图 3-11 所示产品是一个常见的柔性键盘。这个键盘在用的时候可以打开铺平，不用的时候可以折叠起来，装到包里，而且不怕挤压。因为其制作材料是橡胶，它也不怕水。相比常规的键盘，这个柔性键盘可以应对更复杂的情况，例如出差、户外旅行等。图 3-12 所示的柔性电子琴也一样。

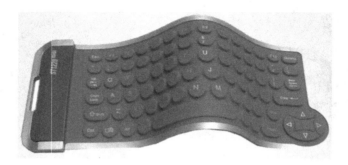

图 3-11　柔性键盘

图 3-12　柔性电子琴

具体地说，产品采取柔性结构到底有哪些好处呢？

第一，柔性结构可以减少产品的构件数目，无需装配，从而降低成本。以汽车的正时皮带和正时链条为例。汽车发动机上正时链条和正时皮带的作用是相同的。正时皮带的材质是橡胶，其生产是一次成型的，除了皮带没有其他零件。它的优势是技术成熟、成本较低、噪音较小，但需要定期检查和维护，一般在汽车行驶 5 万～ 10 万公里后就需要更换。正时链条就像自行车的链条一样是由一个个铰链连接起来的，生产和装配比较复杂，成本相对较高，噪音一般稍大一些，但是具有结构紧凑、传递功率高、可靠性与耐磨性高、终身免维护等显著优点。

第二，不需要铰链结构就可以折叠变形。刚性的物体要折叠和变形必须通过铰链结构才可以实现，而柔性的物体利用自身材料的特性就可以完成折叠和变形，不需要铰链结构。例如上文提到的柔性键盘，可以折叠成任意大小。当然也有铰链式折叠键盘，但它只可以折叠成原来的一半大小。

第三，具有弹性，可以通过变形来缓解力的冲击。图 3-13 所示的用于军事领域的笔记本电脑在 4 个角上都有一个厚厚的胶皮垫，这样可以有效地减轻笔记本电脑在摔落时受到的冲击。我们经常用的手机保护壳也是用橡胶等柔性材料做的，可以有效防护手机跌落磕坏。

图 3-13　军用笔记本电脑

第四，易于变形，可以改变体积，调整形状，适应复杂的环境。这里有一个经典的练习题：一辆载有货物的卡车准备开进比货车矮的山洞，在不能卸货的情况下如何才能开进去呢？答案其实很简单，就是给轮胎放一点气，将车身高度降低一些，就可以开进山洞了。这就是利用了轮胎容易变形的柔性特性。

第五，柔性的物体都容易变形和恢复原来的形状，这就产生了弹力。我们可以利用这种弹力，例如弓箭主要是靠弓的弹力将箭射出。我们在研究电热水器时，发现加热棒上特别容易积累水垢，这会影响加热棒的加热效率。怎么解决这个问题呢？我们在加热棒外面套了一个毛刷，通过毛刷的运动来减缓水垢的积累。但是让毛刷运动需要一个动力装置，这样会让整个系统结构变得非常复杂。这个时候我们可以考虑使用一种柔性材料，这种柔性材料像橡皮筋一样一端连着套在加热棒上的毛刷，另一端放在进水管附近。当进水管进水时，水流推动柔性材料使其变形，拉动毛刷在加热棒上移动；进水管停止进水时，柔性材料由于回弹力，又拉动毛刷向相反的方向移动，如此反复。用户在使用电热水器的过程中，柔性材料受水流的影响，使毛刷在加热棒上反复移动，从而实现阻止水垢在加热棒上积累的效果。

我们可以看到，产品的柔性结构能否发挥作用在很大程度上受柔性材料的影响。当前柔性材料发展非常快。以消费电子行业为例，手机、电视的屏幕都可以由可以弯曲的柔性材料做成，如图3-14所示。与此同时，电池也在向柔性的方向发展，以后可弯曲甚至可以卷成一个卷的手机也将会出现。

图 3-14 柔性材料做成的可弯曲概念手机

由此可见，企业在开展产品创新时需要对各种新技术和新材料进行跟踪。对于一个技术难题，找到一种新材料或许就可以轻松解决。

第11计　流体结构

液体和气体统称为流体。在产品创新中，有时候用流体部件替代固体部件可以达到意想不到的效果。

先举一个例子。战斗机的发动机是科技含量最高的产品之一，被誉为"现代工业之冠"。世界上只有为数不多的国家可以生产战斗机发动机。

如图3-15所示，战斗机发动机的工作原理是靠高温高压（1 500多摄氏度）燃气冲击涡轮叶片，驱动转子高速旋转，向后产生推力。燃气温度越高，做功越多，推力越大。但是随着温度越来越高，涡轮叶片将难以承受。如果在涡轮叶片外面包一层隔热材料，一方面这种耐高温材料很难找到，另一方面这可能会增加叶片的重量，降低发动机的效率。如何解决这个难题呢？现在通行的做法是将涡轮叶片做成空心的，然后在涡轮叶片上钻出许多小孔，引导高速气体不断从涡轮叶片的小孔流出，在扇叶上形成一层气膜。这层气膜可以看作是一层隔热材料，它保护了涡轮叶片，同时又带走了大量的热，使涡轮风扇始终在800摄氏度以下的环境工作，尽管其发动机燃烧室内温度高达1 500～1 600摄氏度。所以在这个时候，空气其实起到了隔热作用，代替了固态的隔热材料。

这个原理其实很好理解。海南省的少数民族有个表演节目叫"赤脚走火山"，他们光着双脚在灼热的炭火上来回走动和跳舞。这个节目看似很危险，其实背后的科学原理也是一样的。人的脚上有很多排汗的毛孔，在炭火上走动时，汗液不断蒸发，形成一层气体，隔绝了热量，所以脚不会被烫伤。当然，原理是这样，但常人也是做不到的。这需要表演者长期训练和培养脚底板的耐热性。

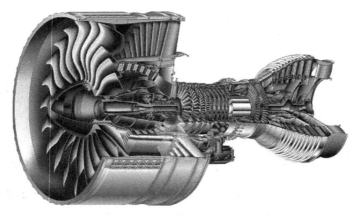

图 3-15　战斗机发动机

再回到战斗机发动机的涡轮叶片上。虽然原理很简单，但是要能稳定地生产出这样的空心涡轮叶片是相当难的。这项技术叫作"定向凝固无余量精铸复合冷却空心涡轮叶片技术"，需要在先进技术、新材料和新工艺方面取得重大突破。可以说，这项国际先进技术在当代航空发动机技术中有着"王冠上的明珠"之美誉。谁掌握了这项尖端技术，谁就拿到了研制先进航空发动机的金钥匙。

在系统改造和产品创新时，我们可以尝试将系统的固体部件用流体部件代替，比如充气结构、充液结构、液体静力结构或者流体动力结构。前面提到的系统柔性化进化法则强调系统总是沿着从固态到液态到气态的路径升级和进化。一般来讲气态、液态相对于固体来说拥有众多优点，比如更具柔性（弹性）、受力更均匀、相同体积下更轻、相对容易节省材料、相对容易装入和取出以及更换、可压缩性好。例如现在许多高级运动鞋都用气垫替代实心鞋垫，不仅使鞋变得更轻，而且提高了运动性能，具有更好的减震效果。

用流体来代替固体还有一个很大的好处，就是固体可以很容易地穿过流体。我们在超市里面看到许多保存冷冻食品的大冷柜。为了方便顾客频繁地从里面拿取冷冻食品，这些冷柜都没有盖子。大家都担心冷气流失，但这种冷柜其实有一个隐形的盖子，是用空气做成的，叫作冷风幕机。冷柜源源不断地吹出空气，形成一层风幕。这层风幕阻挡了柜子外部热空气进入柜子，也阻挡了柜子里的冷空气外流，但是不会影响人们伸手从柜子里面拿东西。

基于同样的原理，有人设计了一款风幕式淋浴舱。

传统卫生间内的淋浴房占不少体积，尤其在不使用的时候，几乎就是在浪费空间，很难满足小户型家庭的使用者。几个大学生利用风幕机原理，设计了"空气幕帘"淋浴舱。

如图 3-16 所示，这个淋浴舱摒弃了传统淋浴房的玻璃或者塑料门，从外观上看它只是一个固定在天花板上的环状物体。当使用时，它的外圈从上往下吹出一层薄薄的空气，从而形成独特的空气隔断，这种空气隔断可以阻隔水溅出，同时也可以阻隔热空气散出，但人可以自由进出，如图 3-17 所示。在不用的时候，这个无形的空气幕帘式淋浴舱一点也不占用卫生间的空间，将卫生间的空间释放到最大。

另外，流体流动的特性可以很好地传递力和能量。例如液压千斤顶就是利用流体传导力量的特性，把一端的力转移到另一端；暖气用水蒸气来传递热量，空调用制冷剂完成热力循环过程。

单风道双门风冷冰箱有一个典型的问题，就是在关一边门的时候，另一边的门会弹起来。主要原因是这种冰箱的冷冻室和冷藏室一般是连通的，关冷藏室的门时，大量的空气被压入冰箱，进入另一边的冷冻室，导致冷冻室空气增加，压力增大，从而推开了冷冻室的门。如何解决这个问题呢？一种方法是将冰箱的冷冻室和冷藏室隔开，不让空气在两者之间流通，这样就变成了双风道冰箱，不仅可以解决冰箱门被顶起的问题，而且还不会串味，当然成本也会上升。还有一种比较简单的办法，就是在冰箱内部放一个气囊，里面充入一定的空气，但不充满。关冰箱门时，气囊先被压缩，给冰箱内部多出一部分空间，降低冰箱内部的压力，避免把另一边的门推开。

图3-16 "空气幕帘"淋浴舱

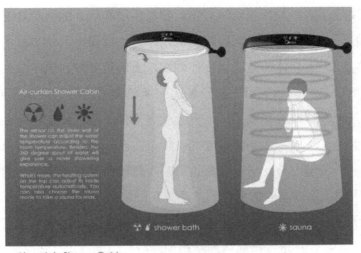

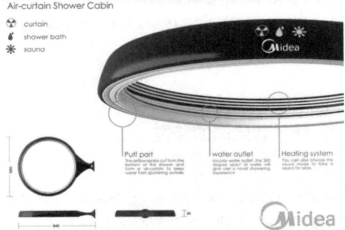

图3-17　"空气幕帘"淋浴舱隔绝热量散失

除了气体以外，我们还可以巧妙地利用液体的流动性。在这方面有一个经典的小故事。某个城市有一座古塔，古建筑保护部门需要监测这座古塔是否一直在沉降。常规的办法是在塔上找一个点，然后再在周围的建筑上也找一个点，看看这两个点之间的相对高度是否有变化。但是周围建筑物可能也发生了沉降，所以工作人员需要在更远处的建筑物上找一个观测点，通过比较才能发现这个古塔是否在沉降。但问题是古塔和远处的建筑物之间被许多建筑物挡住，工作人员无法同时观测这两个点。有没有其他更好的办法呢？

这时，专家利用了液体的流动性，他们在塔上和远处的建筑上分别安装了一个有刻度的玻璃管，然后用一根长长的细橡胶管将这两个玻璃管连接起来，在里面灌入水，这样就形成了一个巨大的连通器。刚开始，这两个玻璃管里的水的液面是处于同一水平面刻度的。如果古塔沉降，那么古塔上的玻璃管的液面刻度会慢慢上升，所以观察古塔是否持续沉降就变得非常简单，只需每天看看古塔上的玻璃管的液面刻度是否在持续上升就行了。

综上所述，在特定应用场景下，液体和气体相对于固体的确有许多特殊优势。因此，我们在进行产品内部结构创新时，如果遇到一些问题不好解决，不妨思考一下，看看是否可以利用液体和气体来代替固体结构部件。这可以拓展我们的思路，很好地解决产品的结构问题。

第12计　利用场的特性

在产品创新时，许多人认为"场"是一个很复杂和神秘的东西，缺乏了解"场"的兴趣，更不会想到将"场"应用到产品创新中去。

"场"这种东西对一般人而言的确很复杂，三言两语很难讲清楚，所以我也不想在此对"场"作太多的解释和说明，只是想简单地聊聊"场"对产品结构创新有哪些帮助。

我们这里谈到的"场"主要是电磁场。当然还有其他类型的"场"，为了将研究问题简单化，我们先不关注它们。电磁场是由电磁作用产生的，会对进入到这个区域的铁制或磁性物体产生力的作用。后面我要谈的是这个作用力有什么特点，如何利用电磁场的这种作用力进行产品创新。

电磁场对进入磁场范围的铁制或磁性物体会产生力的作用，这种作用力的最大特点是产生电磁场的设备与被作用的物体之间不需要直接接触和连接。这意味着我们可以隔空或者隔着一个物体对另外一个物体发挥力的作用，这对我们产品创新的帮助太大了。

应用电磁场作用力进行结构创新的常见产品之一是磁悬浮地球仪。传统地球仪一般都有一个轴和多个支架，这些轴和支架可以让地球仪沿任何方向和角度旋转。而磁悬浮地球仪没有任何支架，如图 3-18 所示，它由一个底座和球体构成，底座在通电情况下产生电磁场，电磁场产生作用力将球体顶起。由于没有了传统地球仪的轴和支架，磁悬浮地球仪更为灵活，可以沿任何方向、任何角度旋转，在视觉上更能体现出地球漂浮在茫茫宇宙中的效果。

图 3-18　磁悬浮地球仪

磁悬浮地球仪顶起的是地球，而磁悬浮佛像顶起的是一尊佛，如图 3-19 所示。想象一下，如来佛、观音菩萨、财神爷悬在半空中是一种什么震撼效果。

更具意境的是将一个个盆景顶起来，像仙山一样飘浮在半空中，使传统的盆景艺术焕发出神奇的科技之美，如图 3-20 所示。

图 3-19　磁悬浮佛像

图 3-20　磁悬浮盆景

电磁场不仅可以将物体顶起来，还可以隔着一个物体对另外一个物体发生作用，这个特点将大大降低产品结构设计的复杂度。

如图 3-21 所示，这是一个磁悬浮搅拌机，可以用来打奶泡。传统搅拌机需要一个搅拌叶片，这个叶片固定在搅拌机的盖子上，与盖子里的电机相连，电机带动叶片转动，从而产生搅拌的效果。整个系统和结构非常复杂，取出和清洗叶片都非常麻烦。而磁悬浮搅拌机的叶片由磁材料做成，直接放到搅拌杯里，不需要和电机相连。搅拌机底座产生旋转的磁场，带动杯子里的磁性叶片旋转，从而搅拌杯子里的液体，如图 3-22 所示。整个系统非常简单，清洗磁性叶片也非常方便。利用电磁场可以将以往复杂的机械式传动装置结构大大简化。

图 3-21　磁悬浮奶泡机

图 3-22　磁悬浮奶泡机的磁性转头

2016 年初上映的电影《星球大战：原力觉醒》里面有一个非常著名的机器人角色，叫 BB-8，如图 3-23 所示。这个机器人由两个球体构成，下面的球体是身体，上面的半个球体是脑袋。这个机器人没有腿，主要靠下面的球体滚动来移动，而脑袋又要始终保持在上面，并且还可以向各个方向转动。如果用传统的机械连接结构，这几乎不可能实现。用电磁场就简单多了，下面的球体里面有一个电磁铁产生电磁场吸着上面的脑袋，中间隔着球体的壳，如图 3-24 所示。球体的壳怎么转动并不影响电磁铁和脑袋的连接，而电磁铁的转动会带动脑袋向不同方向转动。

图 3-23　《星球大战：原力觉醒》中的 BB-8 机器人

图 3-24　BB-8 机器人的内部结构

由此可见，在产品创新过程中，当我们难以处理产品各个部件之间的作用关系时，特别是它们既要发生作用关系又不能直接连接和接触时，我们可以利用电磁场的这些特性对产品进行优化和创新，以达到意想不到的效果。

第 4 章
产品外观创新

36 计

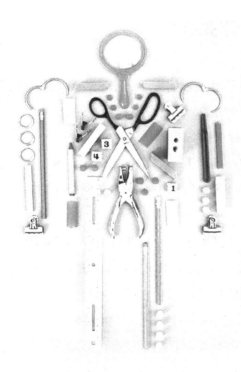

产品创新 36 计

手把手教你如何产生优秀的产品创意

第**13**计　产品外形的几何变换

产品在外观形态方面给用户的直接感受就是它的大小、形状、颜色和材质。产品外观创新是打造产品差异化优势的最直接手段，具有广阔的应用空间，而且国家也有相关的外观专利对此进行保护。

在这个追求美观的时代，如何让你的产品从万千面相平庸、死气沉沉的产品里面脱颖而出？我的答案并不复杂，在产品外形上做一下几何变换或许就可以达到出奇制胜的效果。

相对于产品的颜色、图案、材质，在产品大小尺寸和几何形状方面的创新点似乎不是很多。一方面，产品的大小尺寸和几何形状受功能和结构约束，创新的空间不是很大；另一方面，大小尺寸和几何形状也受成本约束，毕竟在实现功能的前提下，尺寸小和圆形外观的产品相对更节省材料成本。

因此，在产品大小尺寸和几何外观方面开展创新似乎没有什么意义。但是持有这种观点的产品研发人员往往是站在企业的出发点考虑问题的，他们的思维经常受两个因素限制：第一是成本控制，第二是约定俗成的常识和习惯。例如，电视机的形状从诞生的那一天起就是方的，方形外观已经被认为是一件天经地义的事情。如果做成圆的，先不管用户是否接受，首先电视机生产企业的工程师就接受不了。然而，创新需要强烈的质疑精神和好奇心，需要探索的精神和勇气。电视机屏幕为什么都是方的？许多人知其然不知其所以然。因为电影比电视先诞生，当时电影胶片非常昂贵，电影拍摄方希望最大程度地利用胶卷和胶片，画面肯定是方的。后来诞生了电视，由于大家习惯了观看方形屏幕的电影，所以电视机屏幕也就做成了方的。另外，以前的电视机都是显像管式的，画面是由电视机里的阴极枪电子束一行行扫描屏幕形成的，这种工作模式就像打字机一行行打印文字一样。如果将同样高度的屏幕做成圆的，那么屏幕的边角处就没有画面了。这样不仅缩小了可视面积，还极为浪费显像管阴极枪资源，同时也使扫描过程复杂化。由此可见，将电视机屏幕做成方形主要是基于约定俗成和成本考虑。

然而在今天，时代已经发生很大变化，消费者的需求越来越呈现出差异化和个性化，而且技术也发生了革命性的变化。现在的电视屏幕是液晶的，它的显示原理与原来大不一样。我们为什么不能将电视屏幕做成圆形的？有些人说圆形的液晶屏幕与方形的屏幕相比需要更加复杂的生产工艺。但是如图 4-1 所示，现在越来越多的智能手表都是圆形屏幕，而且价格也并不比方形屏幕的智能手表贵多少。归根到底，创新在于打破常规，站在用户的立场向不可能发起挑战。"常识"和"不可能"都有一定的背景环境，时代在发展，背景环境也会改变，所以对"常识"和"不可能"发起挑战是理所当然的。

如何在产品外观上做几何变换？我们可以从以下几个维度进行尝试。

第一，在体积大小方面做文章。

我们可以将常态下体积大的产品做小，或者将常态下体积小的产品做大。将体积大的产品做小这个思路非常容易理解，随着人们生活节奏的加快和技术的进步，产品向短小、轻薄方向发展。体积小的产品更便于携带，拥有更多的应用场景。另外，体积小的产品可以放在手中细细把玩，更能增添用户对产品的使用情趣。

图 4-1　圆形屏幕的智能手表

　　例如，中兴发布了新一代微型智能投影仪 Spro 2，如图 4-2 所示。它的体积只有一个香烟盒大小，但是功能强大。作为一款智能投影仪，Spro 2 支持自动对焦、自动（梯形）校正等功能。Spro 2 投影尺寸可达 120 英寸，亮度可以达到 200 流明。为了便于操作，Spro 2 还装配有 5 英寸的触摸屏。Spro 2 的电池容量为 6 300 毫安时，可支持运行 3 小时投影。这个微型便携式投影仪可以灵活地用于各种商务和家庭场景。

图 4-2　中兴微型智能投影仪 Spro 2

将原来小尺寸的产品做大，这在日常产品的创新领域里并不多见，毕竟增大产品体积会导致灵活性下降和成本上升，也未必会给用户带来更好的体验。将小的变大主要是为了创造一种夸张的效果，这在电影娱乐产品里非常常见。日本电影中的怪兽、机器人，美剧中巨大的战舰飞船，走的都是这种路线。将生活中司空见惯的事物变得非常巨大，的确可以达到震撼的效果，也更能吸引用户的眼球。

大黄鸭曾经风靡一时，其设计者采取了典型的体积变换的创新模式，将日常生活中常见的物体做得非常巨大。如图 4-3 所示，大黄鸭是由荷兰艺术家弗洛伦泰因·霍夫曼（Florentijn Hofman）以经典浴盆小黄鸭为造型创作的巨型橡皮鸭艺术品。自 2007 年第一只大黄鸭诞生以来，霍夫曼带着他的作品从荷兰的阿姆斯特丹出发，截至 2014 年 8 月，大黄鸭先后造访了 13 个国家和地区的 22 个城市。大黄鸭在所到之处均受到了很大关注，为当地的旅游及零售业带来了极大的商业效益。大黄鸭在香港维多利亚港展出了一个多月，共吸引了近 800 万人次参观；在台湾高雄一个月带来了 300 万人潮、10 亿新台币的商机。所以，如果想营造一种震撼的效果，不妨将常见的东西做大一些。

图 4-3　风靡全球的大黄鸭

第二，变换外形，由常见的形状向不常见的形态变换。

除了改变产品的大小尺寸以外，将产品由常见的形状向不常见的形态变换，也能带给用户极为深刻的体验。例如，市面上常见的投影仪都是方形的，海尔却推出一款球形的投影仪，如图 4-4 所示。这款投影仪外观为球体形状，配一个可 360 度调节的底座，其最大特点就是可以方便地调节投影的角度。当你躺在床上时，既可以将屏幕投在对面墙上，也可以投在天花板上。据说这个产品是专门为孕妇设计的。孕妇们常常抱怨自己挺着一个大肚子，坐着看电视很不方便。贴心的工程师们设计出可以投影到天花板的投影仪，投影角度可自由调节，孕妇既可以坐着看，也可以躺着看。

图 4-4　海尔 iSee mini 1S 投影仪

同样，原来是圆形的产品变成方形也能带来意想不到的效果。例如电饭煲一改以前圆形的造型，都向方形转变，但是里面的锅还是圆形的。难道方形的电饭煲就一定比圆形的电饭煲做出来的米饭好吃吗？其实也不一定。只不过方形的电饭煲是一种新的外观设计潮流，另外由于是新产品，它在功能上也会有创新和升级。所以方形的电饭煲能带给用户一种更高级、更时尚的体验，而圆形的电饭煲即使在功能上再次升级和创新，也都会给用户一种落伍过时的印象。这导致了一方面厂家即使在功能上不怎么创新、只要将外形做成方的就能大卖；而另一方面，即使很有技术含量，厂商也不敢逆时尚潮流，生产圆形的电饭煲。

第三，由规则外形向不规则外形转换。

规则对称的外形往往给人一种均衡稳定的美，但是这种美往往容易让人产生审美疲劳。因此，在设计产品外观时，适当地呈现出一定的不规则和不稳定性可能会产生一种意想不到的效果。要想在茫茫人海中让大家一眼认出你来，你就不能长得太大众化了，要长得特殊一点。诺基亚深谙此道，在功能机时代是绝对的王者。如图 4-5 所示，它设计出来的手机造型奇特，不仅吸爆了消费者的眼球，也带来了巨大的销量。

图 4-5　诺基亚造型奇特的直板手机

奇特的、不规则的外形在建筑行业也经常出现。潘石屹的一系列 SOHO 以及图 4-6 所示的央视大楼，从外观来看，它们都极为夸张和怪异。那么这些建筑的设计者为什么会选择这样的设计方案呢？其实，除去安全和使用功能不说，奇特的外形可以极大地提升这些建筑物的辨识度，甚至使其成为地标。而且相比一般的建筑，这些奇形怪状的建筑物能为入驻的商家和公司的宣传、推广、业务开展带来更多便利，还能吸引更大的客流量，从而吸引更多的公司和商家入驻。

综上所述，我们发现产品外观创新是非常简单的，只需在产品外形上做一些简单的变换，就可以达到意想不到的效果。因此，几何变换是一种最具操作性也最能带来良好效果的产品外观创新手段。

图 4-6　造型奇特的央视大楼

第14计　产品外形仿生设计

在产品外形设计中，仿生是经常用到的一种方法。所谓仿生就是模仿大自然及大自然中生物的外观、结构、功能、颜色等信息进行创造性设计。仿生不只是模仿自然界中生物的外观和颜色，还包括生物的结构和功能等。但我们在此只讨论模仿自然万物的外观形态和颜色。

产品外观形态仿生设计

产品外观形态的仿生设计概括起来可以分为具象仿生设计和抽象仿生

设计。

所谓具象仿生就是以自然形态为素材，对其进行模仿与夸张，得到具有
艺术观赏性的产品外观形态。具象的产品外观形态比较容易被人们接受和欣
赏，因为所模仿的自然形态本身就具有美丽的外形。

具象仿生在家具、生活日用小商品领域的应用非常广泛，因为这些产品
的造型、功能往往比较简单，产品的功能发挥对外观形态的要求不是太高，
这就给了设计师很大的发挥空间。

例如，图4-7所示的是一款造型优美的吊灯。它的灯罩模仿了一种花朵
的外形，分裂成一个个花瓣。更为有趣的是，在未使用状态下灯罩（花瓣）是
闭合的，就像家居装饰品；开启后灯罩展开，即是一盏照明的灯具，如图4-8
所示。

图4-7 花苞外形的吊灯   图4-8 打开花苞后的吊灯

相对于具象仿生设计，抽象仿生设计的灵感也源于自然，但这种仿生设
计超越了自然。它不是简单模仿自然物的外形，而是以自然中的素材为基础，
对自然形态的整体或局部特点进行适度的夸张、减弱、变化、提炼、归纳等，
用简洁的形态要素表现出这些事物的神态。抽象仿生形象在主观感受上具有
联想和暗示功能，因此在现代仿生设计中，高、新、精、尖的产品更适合用

抽象仿生的设计手法。

汽车行业的设计师善于从自然界吸取灵感，采用抽象仿生的方法来让自己的汽车更有个性和美感。在这个行业最有名的采取了抽象仿生设计理念的成果，就是大众汽车的甲壳虫汽车。

如图4-9所示，这款外形奇特、酷似甲壳虫的汽车充分借鉴了甲壳虫的特点，其车身呈流线型，迎风阻力非常小，完美地体现了空气动力学的原理。与同时代千篇一律的方盒子汽车相比，甲壳虫汽车圆柔的外形显得更加可爱和富有个性。

图4-9　大众汽车的甲壳虫汽车

甲壳虫汽车的创造者是德国的费迪南德·波尔舍（Ferdinand Porsche）。他有一双善于发现的眼睛，从自然界中人们司空见惯的甲壳虫身上发现了造物之美，将甲壳虫的特点天才般地应用到汽车外形设计上，成就了这款经典车型。

 产品色彩仿生设计

产品色彩仿生设计是从大自然丰富的色彩和色彩搭配中捕捉色彩的设计灵感。色彩仿生设计也可以分为具象联想仿生设计和抽象联想仿生设计。

　　具象联想仿生设计是模拟大自然中所呈现的奇异的色彩搭配并将其提炼，应用于产品设计。人类赖以生存的自然环境中处处充满了色彩，是人类取之不尽、用之不竭的色彩宝库。

　　在高度工业化以及生态环境日趋恶化的现代社会，人类渴望回归大自然。于是设计师采取具象联想仿生的创新思维，设计了一套植物餐具，如图 4-10 所示。这套植物餐具使用了从植物中提取出来的特殊的生物塑料，设计师用这种塑料做成了胡萝卜色彩的勺柄、洋葱色彩的勺碗、芹菜色彩的叉柄、大葱叶色彩的餐刀等。自然晶莹的设计带给人们美的享受。

图 4-10　模仿植物色彩的餐具

　　设计师不仅会借鉴和模拟自然物的颜色和图案，而且会借鉴自然物表面的纹理质感和组织结构的特殊属性，以此来突出产品的表面纹理带给用户的情感体验。

　　来自无印良品的设计师深泽直人就是这方面的高手。如图 4-11 所示，他巧妙地采取肌理仿生设计方法，让果汁饮料的外包装拥有香蕉、草莓和猕猴桃的色泽和质地。用户看到这样的外包装立刻会联想到果汁的纯正和美味。

图 4-11　模仿水果外观色泽和质地的饮料包装

抽象联想仿生设计是指由色彩直接联想到某种抽象的概念。人类与大自然休戚相关，对大自然有着深厚的感情。自然界的种种形象积淀为人们的视觉经验，形成人们的审美标准。例如人们对红色有一种说不出的情愫，我们中国人非常喜欢红色，它象征着太阳、篝火、勇气、力量等。人们借助红色表达热烈、欢迎、喜悦等含义。在跑车界，红色是速度与激情的代表，所以许多设计者都喜欢把跑车涂成红色。

在我国还有另外一种颜色千百年来一直受到推崇。周杰伦的《青花瓷》中有一句歌词是"天青色等烟雨，而我在等你"。所谓天青色，其实是有出处的。相传柴窑是五代后周世宗柴荣时期所烧造的，故名柴窑。当时工匠请示新烧造的瓷器的外观样式，世宗大笔一挥"雨过天青云破处，这般颜色作将来"，后来人们就将柴窑出产的瓷器的颜色定名为天青色。再后来，宋朝的汝窑传承了柴窑瓷器的生产工艺，将这种天青色发扬光大。宋瓷所推崇的天青色实际上是我国儒释道都很崇尚的一种青色。这种青色给人一种沉静雅素的感觉，传达着"清净无为""宁静致远"的意境，如图4-12所示。

图 4-12   天青色仿宋朝汝窑瓷器

总之，自然界的生物形态和颜色纹理永远是产品创新设计的灵感源泉，仿生设计体现了人类对人与自然共生这个哲学命题的认识和思考。

此外，仿生不仅仅是模仿大自然中常见的事物，也可以是模仿人们生活中另外一种常见物体的外观形态和颜色，而且后者更能达到一种"出乎意料"的效果。例如，图4-13所示的这款咖啡杯模仿了单反相机镜头的外形，带给人们强烈的视觉震撼，一定会受到摄影爱好者的喜爱。

总而言之，在产品外观创新中积极运用仿生学原理是非常值得赞扬和推广的，而且仿生设计是产品和工业设计的潮流和趋势。被誉为仿生设计先驱的德国设计师卢吉·科拉尼（Luigi Colani）说过："在几乎所有的设计中，大自然都赋予了人类最强有力的信息，我所做的无非是模仿自然界向我们揭示的种种真理。"大自然中万物的形态、功能、结构、颜色、表面肌理都能激发人的灵感，触发人类的原始创作欲望和激情，这也许是人们钟情于自然形态的主要原因。

图 4-13　模仿单反相机外形的咖啡杯

第15计　透明材质

　　一个产品给消费者的第一印象首先来自于它的外观形态、颜色和图案，其次就是它的材质。产品的材质可以理解为产品外壳所用材料呈现出来的质感，而质感主要是指材料表面各种物理属性的组合，如色彩、纹理、光滑度、透明度、反射率、折射率、发光度等。不同的材料呈现出来的质感是不同的。材质会使人们产生许多情感上的联想，可以突显一定的产品性格。例如，透明材质晶莹剔透，木头材质天然温馨，金属拉丝材料具有科技时尚感。此外，柔软的材料让人想到人类肌肤和毛发，感到柔和、温暖和安全，而大理石等石材给人以坚硬、庄严肃穆的感觉。

　　因此，在产品外观创新过程中，材质的选择也是一个重要的创新思考点。

在众多可以为产品所用的材质中，透明材质是一种非常有代表性的特殊材质。一方面，材质的透明属性可以使产品本身的优良品质一目了然；另一方面，透明材质本身的特点也能带给产品亦真亦幻、虚实相间的动人效果。例如，半透明材质朦胧柔和，可以软化产品形象，产生一种温暖、圆润的效果，让人愿意亲近；全透明材质晶莹剔透，光彩夺目，映射出一种动人的纯净美和科技时尚的魅力，吸引人们去追随。

正是透明材质的这些特点使其成为国际大牌产品设计师的最爱。许多产品也因为其透明的外观形态，在激烈的市场竞争中一战成名，成为一个时代的骄子和万千用户追逐的焦点。其中，最为经典的案例是 1998 年 6 月上市的苹果 iMac 电脑。如图 4-14 所示，这款电脑拥有半透明、果冻般圆润的蓝色机身，里面的电子元器件若隐若现，使其增添了一份科技神秘感。这种外形打破了消费者对电脑的固有认识，迅速成为一种时尚象征。苹果公司在推出这款 iMac 的 3 年时间里一共售出了 500 万台。但消费者不知道的是，这款利润率达到 23% 的产品，除了诱人的外壳以外，机内所有配置都与前一代苹果电脑几乎一样。

图 4-14　苹果 iMac 电脑

在苹果推出这款 iMac 之后，一时之间相关或非相关的产品都刻意去尝试这种新的设计风格。它所造成的影响是透明材质在产品设计上的应用在一段时间里流行成风。时至今日，许多果粉还在期盼苹果能推出一些更具革命性的、外观透明的产品。许多人已经迫不及待并自作主张地开始充当苹果的设计师，设计了一系列超酷的新一代透明化苹果产品，如图 4-15 所示。

图 4-15　网友设计的透明 iPad

为什么人们这么喜欢外观透明的产品？仔细想来，可能有以下三个方面的原因。

第一，这让用户觉得很高贵。许多珠宝都是透明或半透明的，采取透明或半透明材质设计的产品可以让人联想到珠宝，无疑让用户觉得这个产品很上档次。许多高端的香水、酒水特别喜欢用透明或半透明玻璃瓶子做包装。这些色彩各异的液体被晶莹剔透的玻璃容器包装，在光线的照耀下就像光芒四射的珠宝，自然会强烈地激起人们的购买意愿。

第二，透明产品满足了人们的探索欲望和对未知事物的好奇心。透明的外观使产品内部构造一览无遗，从而让人们更容易发现和欣赏工业之美。利用透明材料做外壳是产品生产厂家表现自信和诚信品质的方式，也能有效避免和消除消费者对产品质量所产生的困惑。在这个信息全球化的时代，人们强烈而急切地要求更加深刻地理解和认识自身所处的日益复杂的环境，并且普遍地期待这种理解和认知能够变得像生物的直觉反应一样快速而直接。但人们周围所充斥的令人难以理解内涵的"黑盒子设计"过度泛滥，确实引起了人们相当大的反感。于是，为人们解开黑盒子谜团的透明化设计抓住了用户痛点，迅速流行起来。虽然能够看到产品内部结构并不能对增加产品的可操控性提供什么帮助，但是人类乐于探究未知事物的奥妙，愿意通过视觉获取更多的直观认识。

近些年来，一些展会上出现了透明洗衣机、透明轿车等展品，吸引了众多参观者的目光。毫无疑问，在这里，透明化设计手段的应用不仅是为了在审美上赏心悦目，更多的是向大众揭示产品的内部构造，体现产品的技术含量。如图 4-16 所示，产品的透明外壳除了具有对内部零部件提供覆盖的作用以外，还具有自我表现的积极意义。透明的外观为消费者带来了高度愉悦的享受，也提高了产品的附加值。

图 4-16　透明汽车

第三，透明产品体现了对未来科技的向往。在许多科幻电影当中，电子设备都是透明的，你看不到零部件在哪里，但它们却能够正常工作。透明外观的确能够给人带来美感和未来感，业界其实早在多年前就已经开始了这方面的探索。

日本厂商UPQ在东京秋叶原发布了科技感爆表的新款键盘Q-Gadget KB01，如图4-17所示。这款键盘采用全透明设计，需要连上电源才可以显示按键。为了让键盘完全透明，UPQ公司去掉了一切可以省去的元件和功能，包括蓝牙功能，所以这款键盘只能通过有线方式连接，但这依然不会影响它给用户带来的未来穿越感。

图4-17 全透明键盘

当然，实现产品全透明在技术上的确有难度。工程师们想出另外一些办法来达到类似透明的效果。英国一家科技公司计划与空客合作研发"透明飞机"，让乘客坐在机舱内可以看到360度全外景，如同翱翔在天际中。如图4-18、图4-19所示，该客机采用OLED技术，将外部的景色投影到机体内部，让乘客可以一览窗外风光，充满了未来科幻感。

综上所述，材质的美感在产品设计中起着重要作用，直接影响着产品的艺术风格和消费者对产品的感受。优秀的设计离不开优美的材质，而在所有材质中透明材质无疑是最受设计师和消费者喜爱的。未来会有越来越多的产品采取透明的设计风格。

图 4-18　透明飞机

图 4-19　通过 OLED 投影技术达到透明效果

第*16*计　变脸换彩壳

在产品日趋同质化的今天，创新的难度越来越大，风险也越来越高。因此，相对于依靠巨额投资、先进技术的产品创新来说，从产品外观形态方面进行创新不失为一种低成本、高收益的创新模式。在各种外观形态创新模式中，"换壳"可谓是一种屡试不爽的方式，甚至还延伸出一个庞大的彩壳产业。即使是以科技创新为标榜的著名手机品牌诺基亚，也深爱"换壳"这种产品创新模式。

在手机行业，"换壳"的最先尝试者是诺基亚，如图 4-20 所示。由于诺基亚"换壳大法"玩得太过，其"科技以人为本"的口号一度被用户调侃成"科技以换壳为本"。但这也充分说明了，即使像诺基亚这样的科技巨头也面临着创新乏力的困境，不得不通过更换外壳来延续一些很火的机型，以保证用户在市场上能时时看到诺基亚的新机型。

图 4-20　诺基亚的功能手机

如果说在功能机时代拼的是"机海战术"，那么在智能机时代拼的就是"爆款"。苹果每年只推出一款手机，魅族、小米借鉴了苹果的做法，华为、联想等手机厂商也舍弃了机海策略，走向"精品""爆款"之路。但"千机一面"的局面无法满足用户个性化的需求，于是众多第三方外壳厂商蜂拥而进，催生出了巨大的彩壳市场。

一个彩壳便宜的十几元，贵的成百上千元。中国有数亿手机用户，即使每人每年只换一个外壳，彩壳市场空间也十分巨大，利润惊人。手机厂商绝不能坐视肥水流入外人田，于是纷纷推出自己家的彩壳。

如果说"换壳大法"由诺基亚发明，由苹果发扬光大，而推陈出新、更进一步、做成情怀的就是罗永浩的锤子手机。如何将一个成本只有几元钱的塑料外壳卖出几百元？锤子手机给出的解决方案是：我们不是卖彩壳的，我们是卖情怀的。

一个有情怀的手机彩壳是什么样的？首先是个性化，用户换上不同颜色和主题的彩壳后，手机桌面也会变成相应的颜色和主题；其次，手机后壳的图案是限量的，这样可以保证不会让你在街上与别人的手机"撞后盖"；最后最重要的是，手机后壳的图案往往是历史上一些有意义的纪念日或者事件，如图 4-21 所示。拿着这样一个手机后壳会让你穿越到历史上的今天，成为该事件的见证人甚至是主角。用这样的彩壳想想都有些小激动，不自觉地感觉自己也是一个有情怀的人了。

一部手机卖一千多元，而一个个性化塑料彩壳就卖上百元，这样的创意难道还不是卓有成效的吗？

不只是在手机行业，"换壳大法"在其他产品身上也屡试不爽。美国著名品牌 Ezonics 公司面向年轻、时尚、爱美的潮流一族，推出了可更换外壳的 Freedem LX 数码相机，还随机赠送橙色、蓝色两种彩壳，让用户的心情随时更换，深受时尚、自由、年轻一族的喜爱。

世界第一袋方便面问世 　　　　　　戴姆勒发明摩托车

Google 生日 　　　　　　Google 生日

图 4-21　锤子手机的纪念版后壳

　　笔记本电脑行业也玩起来了变身秀。如图 4-22 所示，想要变得不平庸，想要突显自己的个性，一张电脑贴纸就可以满足你的要求。

图 4-22　笔记本电脑贴纸

　　在汽车行业，换壳的另外一个名称叫"套娃"。套娃原本是俄罗斯的一种传统工艺品，如图 4-23 所示，是由大小不一但图案相同的空心娃娃一个套一个组成。如今"套娃"已跨界到了汽车设计行业，对于外形基本一致、只是车身尺寸不一样的车型设计，业内戏称为"套娃设计"。当然，汽车业内人士给了一个更好听的名字——家族化设计，如图 4-24 所示。

　　有段时间，每每提到一款新车的外观，评论家们都喜欢说一句"它延续了其最新的家族化设计"。由此可见，在追求低成本造车的今天，家族化设计席卷了大部分主流汽车品牌，俨然已成为汽车业的设计主流。除了奥迪的"大嘴前脸"、宝马的"天使眼"等经典的家族式设计，起亚等汽车企业也正在全力打造能代表自身品牌形象的家族特征。

图 4-23　俄罗斯套娃

图 4-24　大众汽车的家族化设计风格

　　对于以大众汽车为代表的"套娃设计"或者家族化设计，我们还很难给出确切结论，只能说家族化设计是把双刃剑。一方面，它沿袭了以往车型的风格，最终突显了品牌辨识度，同时极大降低了每款车型的研发成本；另一方面，雷同的设计会导致消费者产生审美疲劳，最后导致这些缺乏新意的产品渐渐失去市场。但从目前的市场销售效果来看，用户还是对"套娃设计"投赞同票的，所以，大众汽车的"套娃设计"还是一种利大于弊的创新举措。

在竞争日趋激烈的今天，企业的首要任务是生存，其次是发展。因此，创新必须要很好地服务于企业的生存和发展任务。

如何靠一款爆品来满足不同客户的个性化需求？"换壳""换脸""套娃"或许是一种不错的选择，这本身也是一种创新，或者说是一种微创新。虽然它看上去不如颠覆性创新那么耀眼和让人仰慕，但这种产品外观方面的创新，在保持产品核心品质不变的情况下实现了产品的差异化，满足了用户的个性化需求，因此依然是一种卓有成效的创新模式。

第17计 卡通造型

人们经常说，这个产品把人"萌化了"，那个产品把人"萌哭了"。我们现在已经进入一个萌文化流行的时代。

萌文化是一种以活泼可爱、自然幽默、简单轻松等萌元素为特点的文化形式。这种文化最早出现在日本，萌本是指植物出土发芽，后来被日本动漫爱好者用于形容那些让人十分喜爱的事物，这些事物的典型外观特征就是可爱化、卡通化。

随着现代科学技术和社会文化的不断发展，产品外观造型设计的表现手法越来越多元化，比如卡通化、趣味化、理性化、个性化等艺术表现手法。相对于以前产品外观造型设计只是服务于产品功能，现在的设计师更看重产品外观造型带给人们的心理感受。卡通化的外观造型设计可以使产品具有活泼、喜悦、亲切等情感特征，为人们的生活增添情趣，同时也迎合了萌文化这种潮流。

卡通化造型最初出现在日用品和小饰品中，如图4-25所示。这些物品的结构相对简单，功能比较容易实现，对外观形态的要求比较少。这就为卡通化造型设计留下了很大的发挥余地，设计师可以发挥想象力，创造出有趣、富有个性的卡通化造型产品。由于这些物品常常用于非正式场合，适当夸张的形态可以彰显个性，放松心情，不但不会有失体面，反而还能增添生活乐趣。

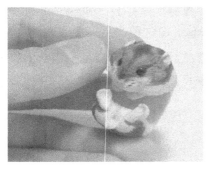

图 4-25　卡通造型的小饰品

随着数码产品、家用电器领域的竞争日益激烈，单纯的功能创新和性能提升已经很难打动用户了，于是卡通化造型逐渐扩展到电子产品、耐用家电等领域，成为实现产品差异化的一个重要手段。伴随着影视传媒与网络技术的发展，卡通与漫画设计艺术越来越多地融入消费者的文化生活之中，运用卡通形象的设计手法逐渐成为产品外观造型的一种新趋势。

产品外观造型要素包括形态、色彩、肌理等几个方面。其中，形态是最核心的造型要素，造型的卡通化特征通常在产品外观形态上加以表现。将人们经常看见的卡通动漫人物形象特征与产品的外观形态相结合是一种最直接的创新方法。图 4-26 所示的这款被视作是史上最萌的爆米花机——米奇神奇魔法玉米爆米花机，就采取了这种创新方式。这款爆米花机有一双大大的黑色的米老鼠耳朵，机身是黑红两种颜色，就像米老鼠穿着一条裤子。最特别的是它的抽屉把手就像是裤子上的扣子，而且这台机子前面两个支脚被做成了一双黄色小鞋的样子。先不管功能如何，整个设备光凭外形就已经掳获了用户的心。

图 4-26　米奇神奇魔法玉米爆米花机

最近几年漫威的超级英雄电影异常火爆。将漫威的超级英雄形象与家电相结合，会是怎样一种形象？国外某家电厂商获得了漫威公司的官方授权，以真人电影版《钢铁侠》中钢铁侠头部为原型设计了一款迷你冰箱，如图 4-27 所示。这款超酷的迷你冰箱既可以制冷，也可以加热，无论是冬季还是夏季都可以使用。它体型小巧，不占空间，而且便于搬动，既可以放在桌子上，也可以放在车上。更有趣的是，冰箱门上钢铁侠的眼睛还可以闪闪发光。

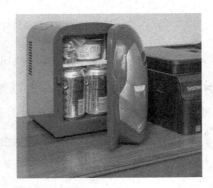

图 4-27　钢铁侠迷你冰箱

将热门卡通动漫形象与产品外观相结合固然是一个好创意，但是需要付给版权方很大一笔版权费。对自己的设计能力高度自信的企业往往会自己设计出一些可爱的卡通造型。Ulo摄像头就是一个成功案例。

与其他摄像头相比，Ulo摄像头能做到让用户尖叫"萌化了"，它最大的亮点就是它猫头鹰的外形，如图4-28所示。设计师用卡通化手法将摄像头的造型加以简化、抽象。用两块屏幕做成的大眼睛忽闪忽闪的，可以根据环境展示出快乐、生气、吃惊等多种情绪化的小眼神，或者跟着眼前移动的物体来回移动它的大眼珠子。因为拥有卡通化的外观造型以及人性化的交互设计，Ulo摄像头就像是有生命力一样，似乎可以和使用者交流一些什么。这样的产品只有热爱设计、热爱生活的人才能设计出来。

图 4-28　拥有猫头鹰外形的 Ulo 摄像头

此外，通过别具匠心的色彩设计也可以实现产品的卡通化，带给用户一种"萌化了"的效果。一般而言，可以带给人们卡通感的色彩常常是活泼、跳跃、明度高的色彩，如粉红、嫩绿、淡蓝、湖蓝、浅黄、白色等。亮丽的色彩常常能吸引人们的眼球，使用这些色彩并合理搭配可以创造出和谐、美好、温馨的意境。

另外，产品的卡通化造型还可以通过产品肌理的设计来实现。通常，我们把材质和肌理放到一起作为产品造型的 3 个基本要素（形态、色彩、肌理）之一，因为材质和肌理是紧密结合、相辅相成的，灵活地运用材料的各种特性能使设计更加完美。卡通化的材质和肌理经常被用作形态、色彩设计的辅助手段，卡通化造型采用的材料多为塑料、橡胶、玻璃、布料等具有柔软、光滑、舒适等质感的材料，而较少采用像金属、木材、大理石等具有冰冷、朴素、厚重等质感的材料。

在产品外观方面，采取卡通化材质和肌理创新的一个经典案例是苹果的G4 电脑。虽然在更新换代中，G4 电脑已经失去了昔日的光芒，但其晶莹剔透的造型给人留下了非常深刻的印象。如图 4-29 所示，该电脑的造型设计中最吸引人的地方就是具有卡通意味的透明材质的运用。说到电脑，人们总是联想到灰色、黑色、白色的不透明材料，而 G4 电脑最大的成功之处就是跳出了固定的思维模式，打破了原有材质的既定范围，将透明材质作为主要造型材料，这种透明材质与其圆角造型的结合具有强烈的卡通效果。用卡通化的造型将电脑的科技特征以生动、亲和的设计语言表现出来，大大地拉近了人与高科技产品之间的距离。

图 4-29　苹果 G4 电脑

因此设计师在设计卡通化造型产品的过程中，要重视材质对整个设计的影响，在适当的时候不妨尝试新的材质，看看有没有什么出人意料的效果。

卡通和卡通形象已经成为人们日常生活中越来越重要的元素。尤其是"80后""90后"，他们几乎是看着卡通动画、捧着漫画书长大的。卡通形象使消费者在观赏和使用产品的时候感到愉悦，还能帮助消费者缓解日常生活中无处不在的压力。在产品创新中，将卡通形象和产品外观形态恰到好处地结合起来，不仅可以有效地制造产品的差异化属性，而且可以丰富产品的性格，将产品的竞争直接从价格、功能竞争提升到产品体验和情感方面的竞争，还能提升客户的满意度和忠诚度。因此，卡通化的产品外观形态创新是一种非常有效的产品创新模式，而且也越来越成为产品外观创新的一种主流。

第**18**计 动态外形

在这个产品极为丰富甚至过剩的时代，如何让消费者在万千种造型各异的产品中看中你的产品？我的答案是不妨让你的产品动起来，让它主动召唤消费者，去吸引消费者的目光。

运动的物体往往呈现出一种生命力，更能打动消费者的心。但是如果仅仅是为了吸引消费者的注意而让产品动起来，往往意味着会增加复杂的机械结构设计和相应的产品配件，进而增加产品的成本。还有一个问题是，运动功能往往不是产品的核心功能和卖点。

所以，我们只需要使产品具有动态的外观，或者说让产品在外观形态上呈现出一种动态的效果，而没有必要让产品真的动起来。

如何让产品具有动态的外观形态呢？通常可以采取两种方式，一种是利用线条和颜色让不动的产品呈现出运动的感觉，另一种是巧妙利用光线来产生运动的感觉。

 通过线条和颜色设计达到动态效果

产品外观动感形态的构成元素主要包括线条和色彩。

线条是客观存在的一种外在形式，制约着物体的表面形状。每一个物体都有自己的外形轮廓，都呈现出一定的线条组合，比如方形的桌子、长方体形的柜子，它们有棱有角，有面有分界线。物体在不同的运动状态下也呈现出不同的线条组合。静止的马和奔腾的马有不同的线条结构。人们在长期的生活中对各种物体的外沿轮廓及运动物体的线条变化形成了深刻的印象和记忆，所以反过来，我们在产品创新时可以运用一定线条的组合让人们联想到某种物体的运动形态。

一般而言，运动的物体会带给人们不同的感觉，这些感觉包括前进感、后退感、流动感、起伏感、跳跃感、飘荡感、升腾感、旋转感、蠕动感、奔腾感、飞翔感等。这些不同的感觉主要来源于线条的位置、强度和方向。通过对这些线条采取改变比例、变形和制造倾斜三种调整方式，就可以创造出动感效果。

拿改变比例来说，"运动性首先取决于比例"。当我们把圆形和正方形改变成椭圆和长方形时，比例的改变创造了张力。根据鲁道夫·阿恩海姆（Rudolf Arnheim）的运动理论，圆形和方形由于水平和垂直轴以及对角线上的力都是平衡的，所以看上去具有静态的特征。但椭圆形和长方形在较长的轴线上已经具有了某种倾向性的张力。对比例拿捏得恰到好处，就可以塑造出很好的动感效果。

拿变形来说，我们可以通过变形来强化事物本身的运动特性。运动的物体在某些方面一般都会发生变形。

拿制造倾斜来说，倾斜使物体偏离了较为稳定的空间定向，从而产生了动感。偏离的程度越大，动感就越强烈。

通过对手机外形线条采取改变比例、变形和制造倾斜等调整方式，可以营造动感的效果，例如全球第一家奢侈手机 VERTU 品牌推出的 Signature 系列机型，如图 4-30 所示。先不说这款手机的用料选择和功能设计如何奢华和讲究，单从外形来看，它修长的身形、与其品牌商标相呼应的 V 型倾斜键盘布局、楔型形状屏幕以及整体 V 型的外形轮廓，无一不呈现出动感十足的王者风范，使其很好地从万千种方方正正、造型平庸的手机中脱颖而出，完美地契合了其品牌传递出来的"高品质、独一无二"的内涵。

图 4-30　VERTU 的 Signature 系列手机

无独有偶，有一款汽车也将动感造型当作自己的核心卖点，这就是第八代索纳塔，号称"流体雕塑"，如图 4-31 所示。业内人士对它做出了这样的评价：前脸造型线条分明，时刻保持俯冲的架势；层次感强烈的深色全镀铬进气隔栅，有力彰显其速度感；在车身侧面，上腰线自车位斜向下射出，前低后高的姿态让一种跃跃欲试的动感蓄势待发；优美的车身线条从车头延伸到车尾，后杠上的弧线均匀地划过尾灯边缘，尾部层次感更加分明。改变比例、变形和制造倾斜这三种营造动态效果的方法在这款车上都可以找到。

以上谈了线条，现在谈谈色彩。不同色彩的表现会给人不同的感觉。例如，红色给人以热情和奔放，蓝色给人以冷静和深沉等。在具体的色彩运用上，要根据主题选择合适的颜色。如法拉利跑车运用热烈奔放的红色，显得动感十足，吸引着那些富有激情的年轻人去征服它。

图 4-31　号称"流体雕塑"的第八代索纳塔

 通过光线的运用来达到动态效果

通过线条和颜色，不动的物体可以呈现出一种运动的感觉；而通过灯光的作用，可以更好地呈现出动态的效果。

光线的明暗、闪烁是最常见的一种动态的呈现效果，大街上绚烂多彩的霓虹灯就运用了这个原理。随着 LED 灯成本的下降以及各种照明技术的成熟，光线的设计和运用往往可以低成本地让产品达到动态效果。

图 4-32 是海尔推出的天樽智能空调，在空调的正上方有一个圆洞，圆洞的外圈还有一圈 LED 灯，被称为"情景光环"。在不同模式下，情景光环会呈现出不同颜色，制冷是蓝色，制热是橙色，舒适是紫色，健康是绿色，去除 PM2.5 是红色。这些颜色的变化使海尔天樽智能空调就像是一个活生生的、

会呼吸的家庭成员一样。

图 4-32　海尔天樽智能空调

图 4-33 所示的花洒喷头可以在出水的时候发光变色。这个灯光喷头用水流为 LED 灯提供电量，让水流变得五光十色，运用色彩暗示缓解用户的疲劳。

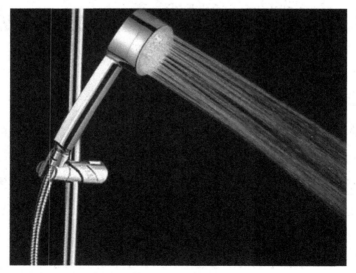

图 4-33　会发光的花洒喷头

更巧妙的设计就需要设计师有一些物理知识了。图 4-34 是一种岩浆灯，它主要利用石蜡遇热融化的原理来营造岩石融化、漂浮不定的效果。岩浆灯的底部是普通电灯,上面置一个玻璃瓶,瓶内混合水与蜡。灯泡亮后产生的热量从底部传递到玻璃瓶,蜡受热后变轻,便会上升,到了顶部遇冷便又掉下去,浮游效果便如此而来。忽明忽暗、起伏不定的灯光效果营造了一种很好的意境,可以让人充分放松紧绷的神经,舒缓烦躁的情绪。

图 4-34 岩浆灯

产品外观的动感设计需要设计师具有较高的设计能力和生活体验,也的确可以极大地提升产品的竞争能力,让产品受到消费者的追捧。

第 5 章
用户体验创新

36 ^计

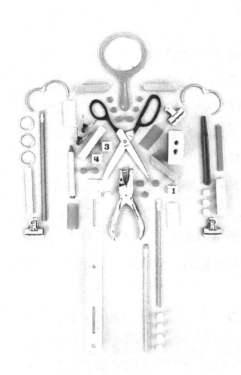

产品创新 36 计
手把手教你如何产生优秀的产品创意

第 _19_ 计　**预装与预处理**

预装与预处理简单来说就是在产品上市销售之前，在产品里添加一些能够让用户更好地使用这个产品的小配件或功能。这些小配件或功能不是产品所必需的，如果没有这些小配件或功能，用户不会不满意；但是如果有的话，用户可能会产生更好的体验。因此，根据组织行为学中的双因素理论，采取预装或预处理方式其实等同于一种激励因素。

预装是电脑和手机行业最常采用的方法。电脑和手机厂商为了给用户带来更好的体验，会在待销售的电脑或手机里预装一些系统和应用程序。但是现在电脑和手机行业的预装似乎变味了，预装的都是一些与其有利益关系的软件厂商的应用。这些应用在用户看来反倒可能是一些垃圾，带给用户非常不好的体验。

其他行业往往也通过预装或预处理的方式来提升用户的使用体验，最明显的例子是食品行业。为了方便用户更好地享用食品，厂商总是在产品中预先放置一些小工具，如娃哈哈八宝粥盖子上的小勺子、冰淇淋桶里面的小木片、盒装红酒里的起子等。

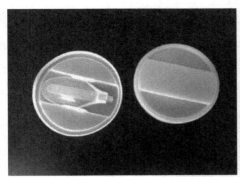

图 5-1　娃哈哈八宝粥盖子上的小勺子

在这方面做到极致的是在网上很火爆的"三只松鼠"。"三只松鼠"是由安徽三只松鼠电子商务有限公司于 2012 年强力推出的第一个互联网森林食品品牌，代表着天然、新鲜以及非过度加工。"三只松鼠"上线仅仅 65 天，其销量就在淘宝、天猫坚果行业跃居第一名，其发展速度之快创造了中国电子商务历史上的一个奇迹。成功的企业自然有许多成功的秘诀，可能是产品质量好、价格便宜、营销好等。单从用户体验来看，这家公司可谓做到了极致。该公司对用户颇有研究。一般来说，坚果等零食类产品的消费对象主要是女性，而选择淘宝网购的这些女性又以办公室白领为主，她们往往对价格不是非常在意，而是更关注产品能否给自己带来愉悦。喜欢吃坚果的用户可能都有这样的经历：坚果壳太硬打不开，坚果弄脏了手，果壳收拾起来麻烦，吃不完的坚果容易受潮……针对这些影响用户体验的问题，这家公司下足了功夫。"三只松鼠"的包装袋有两层，使产品看上去非常干净；袋子里面还有开口器、防潮夹、湿巾、垃圾袋等小工具，如图 5-2 所示。所有这些设计都是站在用户的角度。该公司仔细研究了用户在吃坚果类零食过程中的一些痛点，采取预装的方式将一些超实用的小工具放到产品包装里，给用户带来了超级体验。用户一定会被该公司的细心和体贴所打动，进而成为其产品的忠实粉丝。

在产品竞争异常激烈的今天，企业想打造产品的差异化优势确实非常难。

从用户体验入手，采取预装的方式，可以在一定程度上实现产品的差异化。但是，一旦竞争对手模仿这种做法，产品预装也就失去了差异化优势，甚至会成为产品的标准化配置，毕竟通过预装来实现差异化的门槛还是很低的。因此，预装作为提升用户体验的手段本身并不重要，重要的是它体现了一种洞察用户、关怀用户的态度。有了这种态度，采取什么手段和方法本身已经不是问题了。

图 5-2 "三只松鼠"包装袋里预装的各种小工具

第20计 降低用户学习成本

如何提升用户的体验？当我们想增加更多的功能、将产品质量提升到最好时，不妨用逆向思维，首先考虑一下如何有效地降低用户的使用成本。用户在使用产品前，需要先学习如何使用产品。如果用户很难学会如何使用这款产品，用户体验肯定会很差。在本节中，我们重点谈一谈如何有效降低用户学习成本。

用户学习成本是阻碍用户选择和使用产品的一个最大问题。即便我们的产品功能再好、质量再高、价格再具有竞争优势，但是操作很麻烦，很难学会，用户依然不会选择这个产品。从另一个角度讲，一旦用户掌握了产品的使用方法并形成了习惯，如果现在有另外一款同类产品，即使这款产品的性价比远远超过用户现在使用的产品，估计大多数用户也不会选择另外一款产品。由此可见，用户学习成本在某些时候可以成为挽留用户的因素和抵御竞争对手的壁垒。

如何有效降低用户学习成本，使用户在很短时间内就可以快速理解和掌握产品呢？一个重要的方式就是将用户的生活经验融入产品设计中。在产品开发设计中，这样的成功案例不胜枚举。例如，我们都玩过"愤怒的小鸟"这个游戏，它算是有史以来非常容易上手、非常火爆的游戏之一。如图 5-3 所示，这个游戏借用了人们成长经历中非常生活化的一个道具——弹弓。我们小时候可能都玩过弹弓，在木制或者铁制的 Y 形头上拴上橡皮筋，外加一块椭圆形的橡胶皮，这种简单的道具充实了我们无忧无虑的童年生活。风靡世界的"愤怒的小鸟"在交互方式上借鉴了弹弓的设计，只不过在游戏中卡通小鸟替换了充当子弹的小石块。所以无须过多说明，任何人都知道如何玩这个游戏。

图 5-3　"疯狂的小鸟"游戏

再比如电子书翻页功能的设计，如图 5-4 所示。无论是哪家企业的电子书产品，其切换前后页面的操作都模仿了纸质书翻页的效果，在某种程度上还原了纸质阅读的感觉，让读者容易接受。

图 5-4　电子书模仿纸质书的翻页效果

　　还有一个例子是 Mac 电脑的窗口图标设计。红绿灯是我们日常生活中的普通事物，"红灯停，绿灯行"这条规则深深留存在我们的脑海里。Mac 操作系统把这种概念引入窗口操作中，红色按钮表示关闭，黄色按钮表示最小化窗口，绿色按钮表示最大化窗口，如图 5-5 所示。所以无须说明，即使一个从未使用过苹果电脑的人，看到这些红绿灯一样的按钮时也知道它们的意义。

图 5-5　Mac 操作系统的窗口操作符

苹果无疑是史上对用户体验研究得很深刻的企业之一。苹果的产品很容易让用户上手，从小朋友对 iPhone、iPad 的迷恋可见一斑。那么苹果是如何做到的呢？苹果工程师格雷格·克里斯蒂（Greg Christie）的团队设计了 iPhone 的很多功能，包括滑动解锁、电话通讯录、触控音乐播放器等。克里斯蒂说，当时苹果冒着极大的风险，因为他们从来没有做过智能手机。苹果反复设计、修改了数百种不同的设计方案，所有的设计方案都遵循一个原则：苹果希望为普通人设计产品，使他们无须学习计算机的工作原理就能够轻松使用产品。因此，苹果手机里面每一项功能操作的设计方案在普通人的生活场景中都可以找到原型。例如，图 5-6 所示的苹果手机的"滑动解锁"操作方式就是借鉴了人们日常生活中常见的插门的动作，如图 5-7 所示。这个动作无论在西方还是在东方基本上都是一样的，所以无论东方人还是西方人都可以马上理解和接受苹果手机。

图 5-6　苹果手机的"滑动解锁"操作方式

由此可见，将人们生活中的使用习惯转移到产品功能操作的交互设计中，可以最大程度地降低用户学习成本，使用户能够快速上手使用这个产品。

对于一个新产品或者新鲜事物，用户往往会从本能出发或者从过去的经

验中找到与之相似的事物来提高学习的速度和效率。如果新产品的使用方法
过于复杂，需要进行数据、图表、逻辑上的分析，人们往往一两次很难掌握，
然后就会对产品产生厌烦情绪，丧失学习和使用这个产品的兴趣。因此，在
产品的功能操作设计上，要尽量简单直接，多研究用户的本能反应和生活经
验，让用户在使用产品时根本不需要费脑。

图 5-7 人们生活中常见的插销锁门方式

第 *21* 计 降低用户使用成本

上一节我们已经说过如何有效降低用户学习成本，现在重点谈谈如何降
低用户使用成本。

用户对一个产品的使用成本包括许多方面。例如这个产品在使用过程中
会消耗电、水以及其他材料，在搬运过程中会消耗用户一定的体力或者费用，
还会占用一定的空间，而且还可能需要维修。用户在使用产品的过程中会遇
到方方面面的问题，因此，产品设计者不仅要考虑产品本身的功能和特性，

还要考虑产品的使用场景，以及在这些使用场景中可能遇到的问题。只有充分考虑这些问题，并提供针对性的解决方案和超高性价比，才能提升用户的产品使用体验。

以空气净化器为例。许多厂商还在卖力地宣传其空气净化效果时，小米已经开始宣传其方便的换滤芯功能。过滤式空气净化器的核心部件是滤芯，而滤芯是一次性耗材，如果不及时更换，空气净化效果就会直线下降。因此，更换空气滤芯就成为用户在使用产品时的一个重要的使用成本。小米深刻地洞察到了这一点。如图 5-8 所示，第一，小米将多层滤网集成为一个桶形滤芯，让更换滤芯成本更低、更换更方便；第二，小米开发了一个手机应用程序，提醒用户在什么时候需要更换滤芯；第三，小米在手机应用程序中集成了小米网上商城，用户只要简单操作一下，小米就会将新的滤芯为用户送上门来。

图 5-8　小米空气净化器的智能提醒换滤芯功能

由此可见，小米在产品设计时已经考虑了用户使用成本。创新不仅仅是提升产品本身的性价比，还要降低用户使用成本，这样才能带给用户真正的极致体验。

一般情况下，有些产品并不会经常使用。在不使用的情况下如何有效地保存这些产品也是用户的痛点之一。有些产品体形较大，但是在现在寸土寸金的城市里，用户家里的空间都比较小。因此，如果产品在不使用的情况下可以缩小体积，那么用户一定会很喜欢。厂商通常会采用折叠结构，对产品进行变形，从而缩小体积，这一点在家具上最为常见，如图 5-9 所示。

图 5-9　折叠家具

此外，还可以通过充气和放气使产品的体积形态发生变化。如图 5-10 所示，《超能陆战队》里的超级萌物大白在放气之后可以保存在一个小箱子里面。

图 5-10　《超能陆战队》里的超级萌物大白

用户在使用产品的过程中可能会遇到各种问题，有时这些问题可能与产品本身没有直接关系。但是如果我们的产品在实现本职功能以外还可以解决这些问题，那么这个产品一定会带给用户更好的体验。

图 5-11 所示产品是一个啤酒起子。与一般的起子不同，这个起子的把手是一个瓶子，具有收纳啤酒瓶盖的功能。喜欢喝啤酒的用户都有这样的烦恼：被随手丢掉的瓶盖往往会刮坏地板，甚至有时会划伤小朋友的手，或者被宠物吞食。现在有了这个起子，你在开启瓶盖时就能将瓶盖收纳进起子中，再也不用担心瓶盖跑到桌子或地毯底下。

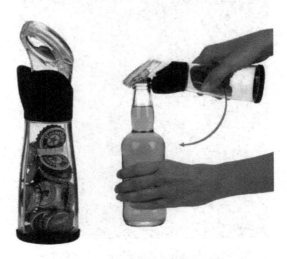

图 5-11　带收纳功能的啤酒起子

用户使用产品时可能会遇到故障。如果找人上门来修，用户往往会担心维修人员不是厂家的正规售后服务人员，维修人员乱要价、以次充好，更严重的是维修人员水平不过关，不仅没有修好，反倒越修越坏。这些对用户的使用体验都是极大的伤害。因此为了提升用户的使用体验，首先要保证产品质量安全可靠，其次在产品设计之初就要认真地考虑给用户提供优质的维修体验。

当前，随着互联网技术的飞速发展，许多家电产品都具有远程故障诊断和预约上门服务的功能，彻底解决了用户的后顾之忧。以海尔的互联网冰箱为例，除了一些高大上的功能以外，海尔的冰箱还具有自诊断功能。如图 5-12 所示，当冰箱在运行时遇到问题就会进行自动体检，将数据传输到海尔售后服务系统数据库，然后售后人员会主动和用户沟通冰箱的问题，约定上门服务时间。此外，冰箱具有定位功能，一旦冰箱有任何需要保修的问题，都可以向用户推荐最近的服务网点，避免耽误用户的使用；同时也可以推荐厂商授权的正规维修网点，避免用户上当受骗。

图 5-12　带远程自我诊断功能的海尔电冰箱

总而言之，用户对产品的使用成本包括多个方面，这也为我们改善用户体验提供了许多解决思路。在产品日趋同质化的今天，产品与产品之间、品牌与品牌之间在功能、外观方面的差距已经很小了。但是在用户体验方面，差距还是非常巨大的。在产品的用户体验方面进行创新，考验的是企业产品创新的软实力。只有对用户的使用习惯和消费动机有着真正的理解和深刻的洞察，明确找到提升用户体验的创新点，才能在用户体验创新方面领先一步、胜人一筹。

第22计　刻意手动化

在今天自动化和智能化功能大行其道的年代，增加产品的刻意手动化功能的确算是一个挺另类的创新想法。如果功能设置巧妙，刻意手动化其实能达到意想不到的效果：已经有了自动档汽车，但有些人还是喜欢手动档汽车；已经有了全自动相机，但有些人还是喜欢玩手动单反相机。

为什么在自动化的今天，人们还是喜欢手动？因为人们希望产品能够更多地为人所掌握，而不是人被机器所掌控。人们希望将机器的功能发挥到极限，探索产品的使用效果，从中获得更多的乐趣。这是人们追求刻意手动化的一个主要原因。另外，刻意的手动仪式能使一个平庸的产品更有神秘感。

小米的路由器工程机就是刻意手动化的一个经典案例。2013 年 12 月 16 日小米的首批 500 台路由器工程机正式进行公测，已经预约并成功获得公测资格的网友只需支付 1 元钱便可拿到小米的这款新产品。然而让人惊奇的是，这个工程样机是以一堆做工精良的零部件的形式装在一个精美的盒子里，如图5-13所示。

为什么小米费尽心思用这种形式来让用户进行测试？

首先，对测试人员来说，用于评测的工程样机反正都是要拆开来看的，小米这样做还省了拆机的力气。而且即便是工程机，零件依然摆放得整整齐齐，小米不仅设计了专门的说明书，还附赠防静电手套，而且木头盒子的做工也十分精良。小米大大方方地把零件敞给用户看，不仅重视外表，也让内部整齐光鲜。这不仅体现出对测试人员的尊敬，也体现出小米对产品用料和做工的自信。

其次，对发烧用户来说，这暗合了美国行为经济学家丹·艾瑞里（Dan Ariely）总结出的"宜家效应"：人们会对自己投入精力和感情的东西估值更高，更加偏爱。人们把这款工程机路由器买回去，组装好，然后使用，与朋友们分享使用体验。他们会对这款产品产生强烈的感情，觉得它更有价值。同时，这些发烧友也是营销中的引爆点和关键人物。

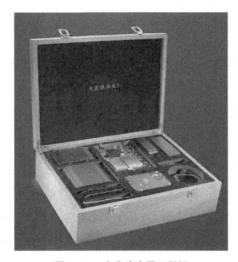

图 5-13　小米路由器工程机

最后，对媒体来说，这种路由器评测方式带来了许多可传播的话题。在某一方面做到第一是最有效的营销传播方式，大家总是记住第一个登上月球的，忘记第二个。让用户自己组装路由器，小米是第一个！这很容易被大家记住。果然，随后网上出现了围绕小米路由器的各种话题，有小米总裁雷军在网上教大家如何组装小米路由器，有发烧友用户上传安装视频做示范，甚至有网友发起了一个组装路由器的竞赛，看谁可以在 10 分钟之内组装完成。小米将一个简单的产品公测活动升级成一个多方面参与的群体事件，不能不说这是小米营销的高明之处。

微信的"摇一摇"是将刻意手动化仪式添加到产品功能里的一个经典案例。如图 5-14 所示，通过一个按钮或其他方式本来很容易实现这个功能，但是在交朋友这个特殊的场景中，"摇一摇"这个动作就显得特别神秘和有仪式感，似乎通过这个手动功能添加的朋友是上天的安排一样。

图 5-14　微信的"摇一摇"添加好友功能

图 5-15 是墨迹天气开发的墨迹空气果智能硬件产品。像许多室内空气监测产品一样，它也具有一大堆功能，如可以监测 PM 2.5、二氧化碳浓度和温湿度，还可以让用户在墨迹天气的应用端远程查看室内实时状况或者直接在空气果的屏幕上查看空气质量……除此之外，墨迹空气果还有一个神奇的功能：用手按下面板，空气果还能语音播报天气情况。这样一个小小的动作让用户感觉自己似乎具有特异功能，只要将手放在空气果上面发功，空气果就会说话、预报天气。

图 5-15　墨迹空气果智能硬件产品

关于刻意手动化，国外还有一个经典案例。通用磨坊是美国一家非常大的食品企业，开发了一系列知名的产品，如在中国著名的"湾仔码头"水饺。这家公司也颇具创新精神。有一次通用磨坊发现人们制作蛋糕非常麻烦，于是研发了蛋糕粉，里面添加了做蛋糕的各种材料，包括面粉、发酵粉、糖粉、鸡蛋粉等。用户只需要添加适量的水，搅拌好，放到烤箱或微波炉里几分钟，就将香喷喷的蛋糕做好了。通用磨坊认为这个产品一定会大受用户欢迎，但是实际上卖得并不是很好。这么好的产品为什么不受用户喜欢？他们也非常不理解。通过一番深入的市场调查他们才发现，这个产品使制作蛋糕的过程变得太简单了，这往往会增加家庭主妇的负罪感。在美国20世纪八九十年代，美国妇女结婚后一般不怎么出去工作，主要在家里料理家务、照顾家人。为她们的丈夫、孩子做一顿精美的晚餐是她们一天中最快乐、最忙碌的一件事。一顿精美的晚餐既是对自己辛勤劳动的肯定，也是她们对家人浓浓爱意的表达。突然有一个产品让她们以往花一两个小时才能做完的事情变得几分钟就可以做好，这往往会让这些家庭主妇在心理上感觉有点糊弄了事，感觉自己的付出与家人在外面一天辛苦的工作不相符，因而产生了一种负罪感。了解到这种情况，通用磨坊改变了产品配方，如图5-16所示，他们将鸡蛋粉从蛋糕粉的成分里面去除，然后在产品卖点上刻意强调用户需要自己先在碗里打一个鸡蛋，将其搅拌充分后再加入蛋糕粉，之后再搅拌至糊状，然后将碗放进微波炉或烤箱里一分钟即可。简单地改变一下产品成分，增加一个让用户刻意手动参与的环节，立刻带给家庭主妇不一样的体验。通用磨坊的这款产品成为畅销品，一直到现在还卖得很好。

图5-16 通用磨坊的蛋糕粉产品

在今天的产品设计中，有时候产品的功能并不是越自动、越智能就越好。特意地增加一些需要用户手动才能完成或实现的功能，以增加用户的参与感，可能会带给用户更好的体验。

第23计 让用户自己动手做

DIY 起源于欧美，是在 20 世纪 60 年代诞生的概念。DIY 是英文"Do It Yourself"的缩写，意思是自己动手做。因为在欧美国家，工人薪资非常高，所以对于房屋的修缮、家具的布置，人们能自己动手做就尽量不找工人，以节省开支。但 DIY 的概念逐渐扩及所有可以自己动手做的事物上，例如自行维修汽车与家电产品，购买零件组装个人计算机等。DIY 已经没有特别明确的使用范围了。DIY 一开始只是为了节省开销，后来慢慢地演变成一种休闲方式和发挥个人创意或培养爱好的风气。重要的不是 DIY 本身，而是人们在 DIY 的过程中获得的满足。在今天，工业化大生产已经可以为人们提供任何想要的东西，但有时候人们还是喜欢自己动手做点什么。造物是每个人的兴趣，或许 DIY 迎合了人们亲近自然、改造自然的天性。因此，在产品创新中让用户参与进来，DIY 是一种很不错的创新思路。

图 5-17 所示的这款产品是一个自酿啤酒机，叫作 Beer Tree。整个设备像是一套艺术品，它采取全透明玻璃瓶结构，将啤酒发酵的全过程一览无余地展现于用户眼前。将这套设备摆放在家中，用户不仅可以喝到香醇的啤酒，还可以受到来访客人们的崇拜。

Beer Tree 的整个酿酒过程需要 10 天时间，采用自上而下的工作方式，如图 5-18 所示，其主体由 4 个透明容器组成。第一个容器用于加热水，当加热至 80 摄氏度的时候，水就会自动流入第二个容器；第二个容器是糖化筒，加热后的水与筒中预先放置的谷物完全混合，经过 90 分钟的酿造形成酿造啤酒所需的麦芽汁，然后自动流入第三个容器；在第三个容器中，麦芽汁与瓶中的啤酒花一起煮沸 60 ～ 90 分钟，最后再流入装有酵母的第四个容器中；在第四个容器中，经过 3 天的发酵，美味的啤酒就可以饮用了。

图 5-17　自酿啤酒机 Beer Tree

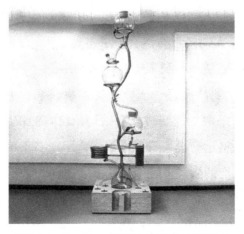

图 5-18　Beer Tree 采用自上而下的工作方式

人来源于自然，在享受工业文明的同时也很想回归田园生活。食品安全现在是个问题，想在家吃到真正新鲜、无公害的蔬菜，恐怕只剩下自己种植这一条路了。但对于厨房本来就不大的家庭来说，怎么可能在家里种菜呢？一家日本厂商想出了绝妙的方案，制造出一款名为"Piccola"的水耕栽培箱，如图 5-19 所示。Piccola 水耕栽培箱内部默认分成两个托盘，能调节蔬菜之间的间隔以及蔬菜到光源的距离。根据各种蔬菜不同的栽培特点，厂商还会提供不同的液体肥料。栽培箱上方装配了红色和白色 LED 灯，可以弥补太阳光照的不足，加快蔬菜的生长。所以使用 Piccola 水耕栽培箱种植蔬菜非常方便，用户只需要按时加水，耐心地等上三天到一个星期，就可以吃上自己动手种植的新鲜蔬菜了。

图 5-19　来自日本的 Piccola 水耕栽培箱

当然 DIY 不仅限于食品方面，生活中的衣、食、住、行都可以 DIY，只不过由于公众对食品健康的担忧，厂家更愿意在这方面推出一些产品。

第24计　超级用户体验

产品与产品之间的竞争归根结底是对用户的说服能力、感染能力、掳获

能力的竞争。打动用户的产品能让用户从普通使用者转换为推荐者、传播者。更重要的是，这种推荐和传播是用户的自发行为。用户自愿传播，其实是在表达一种内在的驱动力——超级体验。这种强烈的、前所未有的体验驱使用户以一种自我炫耀和自我标榜的方式来传播和推荐自己喜欢的产品。那么如何才能给用户带来这种超级体验呢？超级体验是指产品一定要超出用户的心理预期，给用户带来意外的惊喜。营造意外的惊喜有两种方法：第一种是超越用户期望，第二种是"不务正业"，不走寻常路。这两种方法都可以给用户带来意外的惊喜，从而带来超级体验。

营造超级体验的第一个方法是超越用户期望

网上流传着一个视频，说的是在日本企业展上，有一家做模具精加工的企业叫作"武田金型"，一直在为日本的大汽车厂商做模具。在那次展会上，这家企业展出了两个经过精加工的金属块，如图 5-20 所示，一个是字型的模块，另一个是中间镂空的底座模块。将字型的模块放到中间镂空的底座模块里，两个模块居然严丝合缝地组合到了一起，而且观众居然都看不到两者之间的缝隙。据说这是利用数控机床在两块金属上分别切削出"阳字"与"阴模"两个模块，加工精度高达 0.003mm（最高可以做到 0.001mm），这样将两者放到一起就可以做到"天衣无缝"了。这个视频上传到网络上几分钟就获得了巨大的关注，显然"天衣无缝"的高超模具精加工技能已经达到震撼效果，远远超越了用户的期望，给用户带来了一种超级体验。

再来看看国内的两个案例。

大家都知道，洗衣机的问世终结了人类手工洗衣的时代。但是洗衣机洗衣服的水会越洗越脏，因此洗衣机需要不断地注入干净的水进行反复漂洗，才能达到理想的洗涤效果。

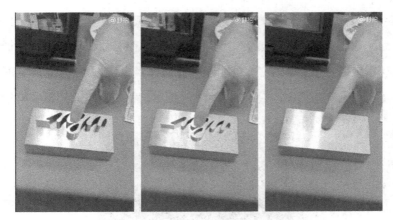

图 5-20　日本武田金型的精加工金属块

虽然洗衣机有漂洗模式，但是漂洗模式不仅浪费水，而且无法达到始终用清水洗衣服的效果。针对这一问题，海尔开发出了净水洗洗衣机。这款洗衣机的最大特点是在其中加入了生态净水系统，内置高分子超滤模块、负离子杀菌模块，在洗衣的同时循环净化洗衣水，并且消毒杀菌，从而实现了在净水里洗衣的效果。而且在洗衣过程中不需要排水和再进水，基本上就是在用一桶水反复净化来清洗衣服，非常节水。最神奇的是，这个净水系统的净化能力相当强，可以把洗衣的脏水净化到饮用水级别。在展会现场，海尔的研发人员从洗完衣服的洗衣机里直接舀起一杯洗衣水当场喝下，引发现场参观者连连尖叫。这确实带给用户强大的震撼效果，远远超出用户期望，带给用户一种超级体验。

在产品创新方面，超级用户体验有时候需要产品背后超级的科研技术实力做支撑。不需要超级前沿的技术是否也能带给用户超级体验？其实也是可以的，这就需要产品开发设计者特别走心用脑。

微信 4.5 版本的升级界面与前几次升级界面不同，其欢迎页面设计得别出心裁，如图 5-21 所示。一团小火苗在一堆数码背景前不断地燃烧，下面是

"听首老歌,轻松下"的按键。一般情况下,按键都是一个词,这个按键居然是一段话,确实让人感到很新奇。当你选择"听首老歌,轻松下"按键时,系统会自动播放歌曲《一无所有》;你也可以选择"直接进入微信",这时候这团小火苗会演变成一场烈火,将整个屏幕燃烧殆尽,然后露出微信新版本的真面目。

图 5-21 微信 4.5 版本的升级界面

用户本来习以为常的一次软件升级通过精心的设计立刻变得不寻常,极大地超出了用户的期望,甚至还带来了很大的话题性。为什么要选《一无所有》这首歌?为什么是火焰?为什么是一团火焰最后燃烧成熊熊烈火?这些都是用户可以讨论的话题,网上还有所谓的高人进行解读,但是不管怎么说,相比以往平淡的升级方式,这次升级的确赚足了眼球,创造出巨大的传播价值,也最终带来了巨大的微信用户升级量。

通过这三个例子可以看出,要想超出用户期望,带给用户超级体验,就一定要在自己以往平滑的曲线外找个点,让用户跳脱对企业和产品的惯性理解，将用户带到一个新的高点，带给用户一种坐过山车突然冲顶的感觉。

 营造意外惊喜的第二个方法是"不务正业"

想一想周星驰是如何在电影里制造笑点的，他最常用的一招就是"不务正业"。如图 5-22 所示，皮鞋的主要功能是用来穿在脚上，但这款皮鞋"不务正业"，还具备了额外的电吹风功能。"不务正业"，不按常理出牌，往往会带给人们一种意外的效果。

图 5-22　周星驰《国产凌凌漆》中的带电吹风功能的皮鞋

收银机可以用来奏乐？德国连锁超市 DEEKADE 在圣诞节期间用收银机的"嘟嘟"声奏出圣诞歌曲。这种"不务正业"的玩法着实让人眼前一亮，相关的视频在网上疯狂传播。DEEKADE 的收银机因此与圣诞歌曲拉上了关系，这也让 DEEKADE 的生意在每年的圣诞节都变得异常火爆。

"不务正业"似乎在业内逐步成为流行趋势，我们身边的许多产品和服务有意或无意都开始玩起了"不务正业"。这些产品和服务在本身应具备的常规功能之外又加入了一些别的玩法，不仅为用户带来一种有趣、意外的体验，也使这些产品和服务从万千平庸的竞争对手中脱颖而出。

一个有趣的例子是膳魔师的保温杯。膳魔师是靠做保温杯起家的，由于其保温效果非常好，热水放了好久也不会变凉，用户有时甚至担心会被放了好久的热水烫到。基于膳魔师保温杯强大的保温功能，无论用户还是膳魔师自己都自觉或不自觉地开发出了用保温杯焖煮的新概念。如图 5-23 所示，用户只需往杯子里丢入米粒、鸡蛋或者别的食材，倒入热水，一段时间后就能享受已经煮好的食物。这样上班族早上出门时在保温杯里放入鸡蛋或米粒，中午在单位就可以吃上熟鸡蛋或热气腾腾的粥。

图 5-23　用膳魔师保温杯煮粥

膳魔师"不务正业"的创新活动改变了人们对保温杯只能"装热茶、热咖啡"的传统印象，甚至有人认为这种煮食形式类似于烹饪中的"低温慢煮"手法，可以很好地保留食材本身的纤维与营养元素。这种"不务正业"使膳魔师从保温杯扩展到锅具领域，无意中开辟了一个新的市场。那些没空在厨房里折腾又想吃上新鲜食物的人终于找到可以将一口"锅"随身携带的办法。

"不务正业"的另一个经典案例是宜家餐厅，现在许多人去宜家可能不是为了买东西，而纯粹是为了去吃饭，如图 5-24 所示。一到饭点，餐厅那边的人比家具这边的人还要多，而且现在各地宜家餐厅的面积也是越开越大。原本宜家餐厅的定位只是让顾客买完家具后可以休息一下，填饱肚子，然后有精力再买更多的家具；而现在餐厅丰富的菜品、可以无限续杯的饮品、实在的价格、干净卫生的环境以及丰富多彩的瑞典文化活动成为人们走进宜家的新理由。这对于宜家来说可能是一种意外之喜。

超越用户期望和"不务正业"是两种非常好用的带给用户超级体验的方法。这两种方法有时候看上去好像是一样的，都是在营造一种意外的效果，其实不然。超越用户期望就像是让用户坐过山车，是好上加好，是一种峰值体验，是让用户在期望值是 100 分的基础上再加上 20 分。因此，超越期望往往具有较高的挑战性，有时候要求企业具有较强的调研实力，而且一旦用户有了120 分的期待值，企业下次要超越用户期望就必须达到 150 分才行。而"不务正业"就像带着用户坐旅游车，突然偏离常规旅游路线，驶入一个柳暗花明、曲径通幽的桃花源小路，让用户看到以往看不到、超出自己预想的景致。因此，相对而言，从带给用户的超级体验来说，"不务正业"这种方法更好操作一些。"不务正业"以出奇招制胜，而超越用户期望强调"巅峰体验"。

图 5-24　宜家餐厅的美食

第6章
用户情感需求创新

36 计

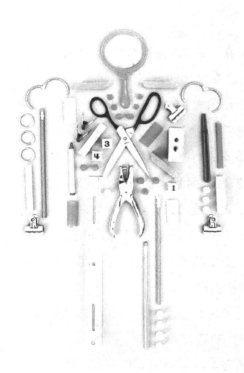

产品创新 36 计
手把手教你如何产生优秀的产品创意

第**25**计 安全感

每个人都希望有安全的工作和生活环境，尽量避免不必要的风险。所以，如果某个产品能够使人们感到安全，一定会有大批的忠诚消费者。

提到冰箱，人们都认为这不过是一个储藏食物的产品。但心理学专家研究发现，冰箱的使用与不安情绪有关。冰箱流行于第二次世界大战后。战争给许多家庭造成了伤害，人们普遍存在不安的情绪，非常担心食物短缺。冰箱可以长久保存食物，为人们提供心理安慰。而且，食物也是家庭、温暖、安全的化身，更让人想起了母亲对孩子无微不至的关爱。因为母亲总是在厨房里操劳，为家人提供温暖、丰富的美食。在人们的潜意识里，母爱、食物、安全、冰箱合理地联系在一起。那些缺乏安全感的人总喜欢在家里保存大量的食物，这也为冰箱生产企业提供了大量的商机。

其实又何尝只是冰箱呢？只要产品创新者有心发现，将安全感因素融入产品设计中，这个产品就一定会受到用户的欢迎。

当前消费者担心的问题，一是儿童的安全，二是老人的安全。毕竟，这两者都是弱势群体，也是安全类产品消费的主力用户群体。

针对儿童的安全问题，市面上有许多设计新颖、独具匠心的产品，"糖猫"就是一例。"糖猫"是搜狗公司面向 3 ～ 9 岁儿童设计开发的新一代儿童智能手表，具有语音对讲、定位、体感游戏等功能。"糖猫"的语言对讲服务可以让父母和孩子随时随地保持联系；定位服务可以让父母实时查看孩子的位置信息；体感游戏服务可以让孩子通过手臂动作与家人实现互动。

儿童产品的最大问题是家长认为有用，孩子却未必喜欢。如果孩子不喜欢，那么这个产品注定会是失败的。"糖猫"这个产品在外观设计和选材上独具匠心，如图 6-1 所示，除了产品外观是一个可爱的猫头形象之外，设计者还特意选择食品级液态硅橡胶作为手表的主要材料。这种材料软软的，和婴儿奶瓶上奶嘴的材质差不多。小朋友佩戴起来不会被割伤手，也不会出现过敏的现象。

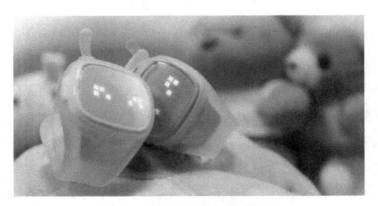

图 6-1　新一代儿童智能手表"糖猫"

空气污染是当前困扰城市居民的一个重要安全问题，家电厂商看到了其中的商机，纷纷推出自己的空气净化产品。市场上各种空气净化器琳琅满目，鱼龙混杂。如何在众多产品中脱颖而出呢？一款叫作"三个爸爸"的空气净化器品牌独辟蹊径，专门针对婴幼儿这个特殊的用户群体，主打"安全"牌，如图 6-2 所示。

图 6-2 "三个爸爸"儿童空气净化器

　　在产品开发前，"三个爸爸"的产品研发人员进行了专门研究。他们查找相关资料发现，室内空气的污染程度有时候比室外还要严重，而儿童和婴儿在室内停留的时间往往比其他人群要长，并且他们对空气污染的阻隔能力也远远不如成人。世界卫生组织的数据也印证了这种说法：全世界每年有 10 万人因为室内空气污染而死于哮喘，其中 35% 为儿童。针对儿童这个特殊群体，在产品核心部件的选择上，"三个爸爸"的产品研发人员特别选用了美国 3M 公司原产顶级滤材，设计了 3 个独立滤芯的 7 层滤网的过滤结构，厚度达到 27 厘米。这种结构可以有效保证输出空气的洁净要求。众所周知，房屋装修和家具生产过程都会产生甲醛、甲苯等有害气体，会给儿童带来患白血病的潜在风险。针对这些问题，"三个爸爸"的产品研发人员引入军工技术中专门针对消除潜艇内甲醛、甲苯等有害气体的专利产品，通过"吸附富集、反应固化"两项技术吸附甲醛、甲苯等有害气体，将其转化生成稳定无害的化合物，降低儿童患病的风险。消费者最关注空气净化器的关键指标

CADR 值，"三个爸爸"空气净化器达到了 550 的最高标准，远远超过了一般净化器 300 左右的 CADR 值，而且在出风口的 PM2.5 颗粒数为零。"三个爸爸"空气净化器作为一款专门针对婴幼儿的空气净化产品，使用了大量的圆弧形设计，避免儿童出现磕碰问题。

目前，中国已经进入老龄化社会，老人的健康和安全问题也是不少人非常关注的。老人上了岁数，腿脚就不太灵活，难免会出现走路不稳和跌倒的情况，给老人的生命安全带来潜在威胁。那么，有没有能帮助老人远离危险的高科技产品呢？

国外一家机构发明了一款名为"Active Protective"的随身安全气囊，如图 6-3 所示，完美解决了老人容易摔倒受伤的难题。这款安全气囊装置的发明灵感来自于汽车的安全气囊。在发生意外的时候，汽车的气囊可以快速弹出，确保驾驶员和乘客的安全。而这款老人专用的产品采用了可穿戴式设计，就像一条腰带一样固定在使用者的髋骨位置，非常简单实用。产品内部有一个 3D 运动传感器装置，一旦检测到使用者出现要跌倒的动作，就可以通过内置的小型气压泵为气囊充气，从而保护使用者的髋骨。根据实验结果，随身安全气囊可以减少 90% 的冲击力，避免老人在摔倒时引发髋骨骨折的情况。

图 6-3　随身安全气囊 Active Protective

老人身体机能下降，免疫能力减弱，因此患病吃药是常有的事情，特别是有些慢性病患者需要长期按时服药。但是，老人往往记忆力下降，总是忘记吃药。子女如果在身边，还可以经常提醒；如果不在身边，那么提醒老人按时吃药就是一件很重要的事情。在科技飞速发展的今天，许多智能产品出现在我们生活中，可以提醒老人按时吃药的智能产品也有很多，智能 WiFi 药盒就是其中一款很有特色的产品，如图 6-4 所示。智能 WiFi 药盒可以为老年人提供时间提醒、用药记录、健康管理等诸多功能。这个药盒可以给出语音提醒，在语音的设置上既可以是预设的电子声音，也可以是儿女的语音，让老人时刻感受到儿女的关心就在身边。此外，这个药盒还内置温度传感器，可以随时检测药盒内的温度，以提供一个安全的储药环境。

图 6-4　智能 WiFi 药盒

为了让用户产生安全感，最主要的是产品的功能本身就是为安全而生。例如，我们上面提到的这些产品就是在主打安全功能。另外，还可以通过细致的人体工学设计、选择合适的材料、辅助功能设计等，让用户在使用过程中避免受到意外伤害，降低安全风险。

第26计　社交的需求

作为一种社会化动物，社交对人类的重要性就无须长篇大论了。目前人们最大的问题之一是社交障碍，特别是如何自然地结交合适的朋友。结交朋友对许多人来说可能不是问题，他们仿佛天生就具备这样的能力，但对另外一部分人可能就是一个很大的问题。有问题就意味着存在市场商机。如果我们在产品创新过程中可以将社交功能巧妙地融入产品功能里，帮助消费者解决社交问题，那么这样的产品一定会受到消费者的欢迎。

事实上，我们的产品大部分并不是为社交而生，我们也无须放弃自己熟悉的主业而投身到所谓的社交产品的研发中去。我们需要做的就是在保证产品核心功能的基础上，增加产品的社交属性，为既有产品创造一个新的差异化竞争点，而不是去开发一个完全意义上的全新的社交产品。

如何帮助我们的用户开启一次完美的邂逅呢？在社交场景中，一次完美的邂逅应具备三个成功要素：第一，邂逅双方要有共同的兴趣或话题；第二，要有一个自然的邂逅空间或场景；第三，要有一种自然的让双方进行对话的方式。

因此，只要我们的产品可以完美地实现这三个要素，那么它一定会是一款成功的具有社交功能的产品。

让我们看看以下三款产品是如何成功地添加社交属性的。

刚刚走进大学的新生既有几分兴奋也有许多茫然，看着满校园的陌生人，是不是很想立刻认识一些伙伴，结交一些朋友？可口可乐是洞察用户需求的高手。为了让新生们迅速变得熟络起来，可口可乐设计了一款奇妙的新瓶子，这个瓶子的瓶盖需要两个人合作才能打开，如图 6-5 所示。如果想一个人打开瓶盖，几乎是不可能的。只有找到另外一个拿着相同瓶子的人，将瓶盖顶部对准，然后双方朝着相反的方向旋转才能打开可乐瓶盖。可口可乐将校园超市里的可乐都换成了这种新包装。想象一下，当你在校园里想要喝一口冰爽十足的可乐时，是不是有强大的动力和理由招呼一下身边有着同样想法的陌生人。如果旁边正好有异性同学向你提出这样的要求，你还会拒绝吗？在一次简短的合作之后，或许一段友谊就这样出现了。可口可乐的销量也因此比以前多了许多。

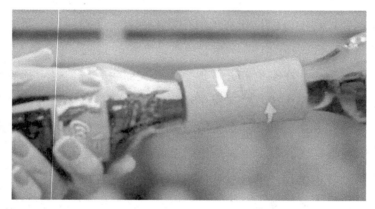

图 6-5　可口可乐的新瓶子需要两个人合作才能打开

图 6-6 所示的是一款在办公场所常见的咖啡机，它具有高超的社交功能，是办公场所的宠儿。这个咖啡机叫作 "Coffee Connector"，它不仅可以提供美味提神的咖啡，还能让人在等咖啡的过程中与陌生人搭话，让人与人通过咖啡联系起来。

它是如何做到的呢？这款咖啡机造型奇特，有一块很大的触摸屏。用户可以通过触摸屏来选择自己喜欢的咖啡口味。当选择咖啡时，咖啡机会提示用户在触摸屏上输入自己的名字，然后将名字打印在咖啡杯上。与一般咖啡机最大的不同是这款咖啡机的下方有两个并排的咖啡出口，而且必须同时输出两杯咖啡。也就是说，在你等咖啡的同时，旁边还有一个人也在等待，如图 6-7 所示。那么机会来了，在等咖啡的过程中，你可以和同样等咖啡的陌生人聊聊天，交换一下名片，或者讨论一下这个神奇的咖啡机。或许你还不知道对方叫什么名字，没有关系，当咖啡出来的时候，咖啡机的屏幕上会出现你们的名字，这时你们就相互认识了。

图 6-6　社交咖啡机 Coffee Connector

图 6-7　两个人一起在咖啡机前等咖啡

　　这个神奇的咖啡机为人们提供了社交的三个要素：第一，出现在一个合适的会场里，参加会议的人必然有着共同的兴趣或者谈话主题；第二，必须同时输出两杯咖啡，这样就为两个人营造了一个非常自然的交流场景；第三，你们的名字同时出现在咖啡机屏幕上，这又是一个很有意思的话题，交流就这么自然而然地发生了。至于以后的事，这款咖啡机也只能帮你到这儿了。想要结识更多的朋友，只需要多喝几次咖啡就行了。

　　那么，这个咖啡机实现的社交功能到底如何？据说效果还是不错的，Coffee Connector 在 2014 年 3 月新加坡的经济学家大反思会议（The Economist Big Rethink Conference）上第一次亮相，共促成 200 对陌生人相互认识。

　　想象一下这个咖啡机巨大的市场空间。它可以放在办公室、图书馆、电影院、游戏厅、医院等各种社交场所，而且最重要的是它鼓励人们为了认识更多的人而多喝咖啡，这又给了它更多的存在价值。

　　第三个案例是一款智能烤箱。如图 6-8 所示，这是一款具有社交功能的海尔智慧烤箱。当前小家电行业是一片惨烈的红海，一台烤箱的价格已经降到 200 多元。如何摆脱激烈的价格战，实现差异化竞争？海尔智慧烤箱巧打社交功能，开辟了新的蓝海。

图 6-8　具有社交功能的海尔智慧烤箱

海尔做智能烤箱时积极向互联网公司学习，采取互联网和社群化思路，跳出传统烤箱拼价格的老路，走上一条极致创新的新路。为此，海尔烤箱放弃了 600 元以下的低端传统电烤箱市场，坚决做高端极致产品。海尔新款智能烤箱采取最新的双 M 加热专利技术、热风 3D 强对流技术，具有精准控温、全温区、多种烘焙模式等多种高端功能，并且可以实现 App 连接、WiFi 共享，是当时市面上仅有的可以通过电脑和手机控制的联网智能烤箱，定价 999 元，在座式电烤箱领域绝对是高端产品。

当然，海尔智能烤箱的优势不仅在于产品硬件本身，还在于围绕海尔智能烤箱所形成的一个庞大的喜欢食品烘焙的用户社群。这个用户社群的核心是海尔智能烤箱为用户量身打造的移动控制终端 App——"烤圈"。这个 App 不仅可以控制烤箱温度、时长，还具有食材管理、菜谱定制、烘焙流程定制等深度体验功能。同时，它也是一个互联网社群 App，海尔为此还成立了专门的社群运营团队。

用户可以通过"烤圈"来连接和控制烤箱，烘焙出美味的食物，还可以和喜欢烘焙的好友们在线交流和学习，并且分享自己的烘焙作品、菜谱和图文给"烤圈"好友们。海尔智能烤箱的社群运营团队还签约烘焙达人、烘焙大师，向"烤圈"用户传授烘焙技艺、提供菜谱深度验证，为智能烤箱量身定制烘焙教程。"烤圈"社群里的用户们不仅可以通过"烤圈"使用烘焙达人、烘焙大师定制出来的烘焙教程，让自己的智能烤箱不断学到新的烘焙教程方案，还可以让自己的烘焙技艺不断提升，获得更高的成就感。特别值得强调的是，海尔智能烤箱的大部分用户是家庭主妇，她们是厨房电器的购买决策人。能够烘焙出自己的美食是女人们引以为豪的事儿，这让她们在"烤圈"社群里备有成就感，从而对海尔的产品产生好感，带动更多海尔电器的销售。

海尔智能烤箱将以往做产品的思路转变为做用户社群的思路，用心培育烘焙社群，汇聚高端用户资源。更多的用户带动更多的产品销售，更多的产品销售又吸引更多的用户加入社群，从而形成一个良性循环。

海尔智能烤箱也完美地实现了社交的三要素：第一，为热爱烘焙的用户营造了一个认识交流的场景和社区；第二，烘焙社区让人们自然而然地聚合在一起；第三，图片分享、点赞、评论、关注等社交工具让用户可以很轻松地认识对方。当然不仅是在线上，线下的聚会交流还会让社交更为真实。

在产品创新方面，设计产品的工程师最看重产品实现的功能，而购买产品的消费者要的是产品带来的价值。"价值"是一个很复杂的概念，它糅合了消费者很复杂的情感在里面，而功能仅仅是带给用户价值的一个方面。产品的功能很容易被模仿和超越，要想制造出真正能打动用户、让用户激动的产品，就要更多地深入用户的生活，了解用户的情感需求，在实现产品功能的基础上赋予产品更多的情感。在用户的所有情感需求中，社交无疑是最真实、最广泛的一种。因此，将社交的属性融入产品的设计理念中，立刻就会使产品变得超凡脱俗，让用户从万千产品中识别并且深深爱上这个产品。

第**27**计　怀旧情怀

菲利普·科特勒（Philip Kotler）和约翰·卡斯林（John Caslione）在《混沌时代的管理和营销》（*Chaotics: The Business of Managing and Marketing in the Age of Turbulence*）一书中提到：随着 2008 年金融危机的影响逐步深化，企业、产业和整个市场都开始摇摇欲坠、岌岌可危。在这个动荡的时代下，人们的不安、恐惧、脆弱心理逐渐显露出来，消费者渴求一种安全的心理慰藉，想要逃避残酷的现实,让心灵得到暂时的安宁。于是,怀旧逐步成为当下社会的一种普遍现象。

怀旧是一味安慰剂,尤其在危机四伏、动荡混乱的时代,怀旧类产品能带给人们舒适、亲切等感受,成为人们内心的庇护所。

当前具有强烈怀旧情怀的人群主要集中在"70后""80后"。上有老下有小、房贷车贷背在身,这些生活压力使大多数人都在疲于奔命,忙于生计。他们内心深处向往过去在父母庇护下安逸无忧的时光,想找个时间休息一下,放慢生活节奏。复杂的人际关系也让人沮丧,过去简单质朴、纯真无邪的人际关系显得更加珍贵。人们一方面拼尽全力去追求物质生活,另一方面却感叹世风日下、人心不古。这种矛盾的生活状态让大多数人表现出"身心疲惫、未老先衰"。怀旧成为人们宣泄不满、逃避现实、缓解负面情绪的方式,可以让人们暂时抛开眼前郁闷,获得片刻心理上的安宁和满足。

与怀旧相类似的一个词叫作"集体回忆"。怀旧本身是个人的一种情感,当怀旧成为一种群体性情感时,也就成为一种集体回忆。集体回忆是在一个群体中大家对曾经一起经历、构建和传承的事物有着共同的回忆。在这个群体中,怀旧的人们都有一种共同的情感和记忆符号。经过一段时间后,在特定环境与行为的指引下,这种情感和记忆又被重新唤醒,于是他们就会产生强烈的共鸣、认同与超乎想象的热情。如果把引发这种热情的情感和记忆符号融入产品设计和市场推广中,就会在这群人中产生一股强大的消费浪潮。

"70后""80后"集体怀念自己逝去的青春,这已经成为一个值得关注的文化现象。当他们在怀旧中追忆经典、缅怀青春、重拾记忆、找寻自我、思考人生时,就给怀旧类产品带来巨大的商业机会。这些产品利用他们的情感和记忆符号来重现经典,引起他们的共鸣,给他们带来强烈的情感冲击和温馨美好的回忆。

2013年以来，怀旧主题类电影成了席卷票房的大赢家。如图6-9、图6-10所示，2013年赵薇的电影《致我们终将逝去的青春》上映，最终迎来7亿多元的国产影片高票房，而《中国合伙人》票房则达到5.2亿元。2015年前后，《智取威虎山》《港囧》《夏洛特烦恼》都不同程度地引入了怀旧元素，获得了巨大的票房收入，引爆了一轮又一轮的青春怀旧风潮。

图6-9　赵薇的电影《致我们终将逝去的青春》

图6-10　《夏洛特烦恼》

在服装界，佐丹奴适时推出了一款名为"LiLei&HanMeimei"的T恤，

T恤上的人物就是"80后"们再熟悉不过的中学英语教材中的人物——LiLei
（李雷）和HanMeimei（韩梅梅），如图6-11所示。这款T恤的销售对象是
曾经使用过人民教育出版社出版的英语教材的数亿学生，这些学生现在已经
成为时尚、感性、具有很强购买能力的中青年消费者。这款怀旧T恤本身或
许带来不了多少利润，却巧妙地拉近了佐丹奴与"80后"消费主力的心理
距离。

图6-11　佐丹奴全球限量LiLei&HanMeimei T恤

在消费电子产品领域，产品一向是由最新科技驱动的，但是当一些现代
高科技被装载到怀旧复古的外壳里，这样的产品就像一架时光穿梭机让消费
者回到过去，仿佛又回到自己清纯苦涩的青春时代。

网上有一款叫作"猫王Tesslor"的造型古典的音箱，这是一个典型的用
怀旧来打动人心的产品。首先，它的名字让人马上想起美国20世纪六七十
年代最著名的流行音乐天王埃尔维斯·普雷斯利（Elvis Presley）。其次，

无论在外形还是功能上，这款音箱都有一种浓烈的 20 世纪六七十年代的风格。

如图 6-12 所示，这款"猫王 Tesslor"音箱做工非常精细，外壳由桃木制成，整体呈现流线型，完全符合德式收音机的造型。外壳接缝处的处理和边角的打磨都非常用心，这对于一个发声设备来说尤为重要。

图 6-12　"猫王 Tesslor"收音机

"猫王 Tesslor"的音频调节方式也很复古，频段调节旋钮的指示表盘采用了最老的方式，左侧是 FM，右侧是 AM。在功能上，它刻意摒弃当下最流行的技术元素，不能接入网络，也没有社交功能，甚至都没有显示屏，唯一还算科技一点的地方就是支持蓝牙 4.0。

将这样一台音箱摆在书房的案头，喝上一杯茶，静静地听一曲《旧日重来》，真有一种穿越的味道，用户可以在纷杂的世界中获得半日的宁静。

旧日有许多美好的事物值得回味，为了纪念过去而开发出来的产品能满足粉丝的情感需求。2015 年是《星球大战》首映 38 周年，许多厂商推出了各种纪念产品。例如，海尔旗下品牌 AQUA 在日本发布了一款以 R2-D2 为原型的机器人可移动冰箱。说到 R2-D2，《星球大战》的粉丝们一定不陌生，这个可爱的小机器人机智、勇敢，虽然有点小鲁莽，但憨态可掬和忠于主人的表现实在让人喜爱。如图 6-13 所示，这款冰箱拥有和 R2-D2 一样的外观、声音、大小尺寸，其内部可冷藏饮料，还能贴心地把冷饮送到主人面前，其头部还会转动。当然，它不可能像 R2-D2 那么智能，更多的操作还需要人们遥控完成。

图 6-13　以 R2-D2 为原型的机器人可移动冰箱

当然，怀旧设计并非灵丹妙药，不是随便赋予一个产品怀旧的情感主题就可以实现产品大卖的。怀旧的情感设计更适用于感性产品领域，如服装、装饰、餐饮、茶酒等，而在理性产品中的作用就相对弱得多。因为怀旧主题是在强化感性产品的情感层面的力量，而消费者购买理性产品时更多考虑的是性能、价格、质量、售后保障等理性问题，其出发点是解决实际问题，感性因素只占很小的份额。所以我们可以看到，一些高科技产品虽然在外观上呈现出复古的元素，但依然采取了最新的技术手段。

综上所述，总结一下如何让产品引发消费者美好的回忆。第一，寻找共性记忆点，寻找那些10年前、20年前的主流文化元素和印象，这些元素和印象最好是美好的、正面的；第二，将这些能引发消费者集体回忆的元素、符号、印象、思想融入产品设计中，让用户可以体会得到；第三，针对目标用户群体找到合适的传媒，然后告诉用户：来吧，让我们一起回忆过去的美好时光。

当然，所有这一切的前提是产品的质量要过关，否则带给用户的不仅不是美好的回忆，反倒是一场噩梦。

第**28**计　竞争和挑战欲

俗话说，人往高处走，水往低处流。每个人心底都有争强好胜的原始冲动，竞争和迎接挑战是人类的天性。心理学家认为，通过与他人对比确认自己的价值，这是一种普遍且正常的心理状态，能给人带来一定的安全感。因此，在产品设计时，如果能将竞争和挑战这种特性巧妙地融入产品中，那么这款产品一定会赢得那些具有强烈竞争天性的用户的关注和喜爱。

游戏是最能激发用户挑战欲望的产品。如何让小朋友认认真真地刷牙一直是家长头疼的问题。即使是最有说服力的家长，在说服孩子养成良好的刷牙习惯这件事上也心有余而力不足。来自旧金山的初创公司 Grush 巧妙地将刷牙与手机游戏相结合，有效地解决了这个问题，而且还使小朋友爱上了刷牙。Grush 设计和生产了一款专门针对儿童的电动牙刷，将视频游戏这种有趣的、充满竞争的元素引入刷牙过程中。Grush 牙刷系统由一把手动无线高保真牙刷和一系列 iOS、Android 游戏组成，还包含基于云计算的数据库和能让父母了解刷牙情况的仪表板。在刷牙的时候，小朋友可以打开一款游戏，然后将手机挂在浴室的镜子上，进行刷牙游戏，如图 6-14 所示。配合刷牙动作，小朋友可以将游戏中的怪物"刷走"，获取积分。这款牙刷使用回转仪、加速器和磁强针三个传感器来准确监测牙刷在嘴里的运动，传感器接收到的数据会被发送到手机上，有效地反映小朋友的实际刷牙动作。小朋友不仅可以与游戏里的怪物竞争，还可以将比分成绩与在线的其他小朋友的刷牙成绩进行比较，从而增加刷牙兴趣。同时，家长也可以通过云端界面了解小朋友的刷牙质量，甚至可以将这些信息直接发给牙科医生，让他们给出一些治疗建议。

图 6-14　Grush 生产的专门针对儿童的电动牙刷

　　同样，孩子吃饭挑食也是经常困扰家长的一个难题。用玩游戏来利诱孩子吃掉食物，无疑是一种无奈却高效的方式。根据这个想法，阿根廷创意公司 Wuderman 设计出一款能让孩子不挑食的智能餐盘，如图 6-15 所示。这款名叫"Yumit"的智能餐盘融入了虚拟积分元素，可以将孩子吃掉的真实食物转化为电子游戏中的能量积分，这些能量积分可以帮助孩子们在相关的游戏中升级和获得奖励。

图 6-15　Yumit 智能餐盘

这个想法来源于创意技术人员罗德里戈·戈沃斯特瑞（Rodrigo Gorosterrazu），他对自己女儿的挑食问题十分头疼，对此进行了一次头脑风暴会议。Wuderman 团队认为一定可以通过技术方法来帮助孩子解决挑食问题，仅仅对现在的孩子不断劝说吃蔬菜的好处是徒劳的。

这款餐盘上设有多种颜色的 LED 灯环。随着孩子吃下的食物增多，灯光会从白色一直变化到绿色，给孩子提供视觉反馈，从而激励孩子继续吃掉盘子里的食物。这个餐盘还能测量孩子吃下每口食物的重量及时间，并可以通过蓝牙设备将数据传到父母的应用软件上。

让产品变得更有趣，让用户更有参与感，有时候不需要花很大的成本开发一个游戏、搞一个智能硬件。一个巧妙的低成本创意就可以激发用户的竞争和挑战欲望，让用户对这个产品爱不释手。

俄罗斯的一个团队在常见的冰棒上做起了文章，他们设计了一款超有创意的 DINO ICE 冰棒，名字叫作"快吃了这只冰棒，解救恐龙"，如图 6-16 所示。DINO ICE 的设计灵感来源于电影《冰河时代》，冰棒呈现出朦胧的半透明状，它就像是一座冰山，里面隐隐约约透出恐龙造型的棍棒儿。冰棍的颜色代表草莓、葡萄、橘子等不同的水果口味。

图6-16　DINO ICE 冰棒"快吃了这只冰棒，解救恐龙"

随着冰棍一口口被吃掉，被困在里面的恐龙就会渐渐露出，因此，吃冰棍就成为一个解救可怜冰冻恐龙的游戏。在炎炎夏日，为什么不来一只 DINO ICE 呢？消暑的同时还可以解救被困在冰山里的恐龙。当然，吃完以后，将这些不同类型的恐龙棍收集起来，小朋友们还可以一起玩恐龙公园的游戏，如图6-17所示。这不仅可以让孩子了解远古时代的动物，还可以激发孩子的想象力。

图6-17　不同类型的恐龙棍

许多激发消费者潜在挑战欲望的产品都是针对儿童。为什么我们较少看到针对成年人的富有挑战意味的产品呢？一方面，成年人世界本身就是一个充满竞争和挑战的世界，因此，我们无须赋予一个产品挑战的意义来激发成年消费者的购买欲望。另一方面，儿童的理解能力不足，我们很难说服他们明辨是非利弊，因此，通过激发他们的竞争和挑战天性来让他们完成一项正确的任务，或者形成一个正确的习惯和观念，无疑是一种简单易行的方法，这也为我们的产品创新带来了更多的可能。

第29计　同情和行善之心

相信大家都听说过这个故事。伦敦的春天十分寒冷潮湿，一位衣衫褴褛、双目失明的老人坐在街头。老人面前有一块牌子，上面写着"自幼失明"。路人行色匆匆，皆无动于衷，无人施舍一分钱给这位可怜的老人。英国诗人拜伦经过此地，看到了这一幕。他轻轻蹲下身来，用粉笔在牌子上添了一句话："春天来了，我却看不见她。"诗人离去后，奇迹出现了，街上的行人纷纷把钱施舍给这位老人，让老人十分惊讶。"春天来了，我却看不见她。"正是这句富有诗意的话激发了人们的同情心，让人们纷纷伸出援助之手。

《孟子•告子篇上》曰："恻隐之心，人皆有之。"看见他人痛苦，就像自己受苦，同情心驱使我们去帮助别人。古时候，人们防范灾难的能力很低，在巨大的灾难与痛苦面前，人们经常产生畏惧与绝望的情绪，唯一能做的事情就是同舟共济，分担彼此的痛苦和不幸，帮助彼此渡过难关。这样，同情就逐渐发展为人类的一种内在美德。

同情心又称同理心、同感、共情等，是指能够设身处地地理解别人、体验别人内心世界的能力。英国著名经济学家亚当·斯密（Adam Smith）曾说过，人皆有同情心，而行善能满足同情心，尽管个人力量有限，但世上总有人行善。

亚当·斯密还指出，人虽然都具有同情心，但也有自私的一面。而且，人的同情心是随着人际关系的亲疏远近而变化的——对于离自己越远的人，我们给予的同情心越少。这个世界上需要同情和帮助的人很多，但问题是每个人的爱心只能传递到极其有限的范围。所以我们需要依靠市场和商业的力量，最大限度地发挥出仁慈和爱心的力量，让世界上每个角落的不幸之人都能感受到爱和温暖。

由此可见，商业与行善并非水火不相容，两者相结合可以提升行善的效率，以有限的时间、金钱和资源最大程度地发挥和满足行善者的同情心。在某种意义上，商业本身就是最大的慈善。

所以，在产品创新的时候，我们不妨思考一下：如何通过我们的产品设计，让消费者释放自己的爱心和同情心？如何通过产品设计将商业与行善相结合，既实现企业的商业价值，又最大限度地满足人们的行善需求，帮助更多的弱者，达到行善的目的？

抓住用户同情心的方法和案例有很多，我们先看看加多宝的"对不起体"案例。

"王老吉"是广州药业集团旗下的一款凉茶品牌。加多宝公司与广州药业集团签署合作协议，获得了"王老吉"商标的使用权。加多宝公司投入了巨额广告费用，花费十几年时间将一个地方品牌"王老吉"打造成国内驰名的凉茶品牌。由于"王老吉"商标使用权到期，依据双方的合作协议，加多宝公司将"王老吉"商标交还给广州药业集团。但是为了延续此前在消费者心中的形象，加多宝公司通过巧妙的文案技巧向消费者暗示现今的加多宝凉茶就是从前的王老吉凉茶。这种做法遭到广州药业集团的起诉，双方对簿公堂，结果加多宝公司输掉了官司。

如何应对这种不利的局面？是大张旗鼓地控诉广州药业集团的不正当竞

争，从法律上反诉广州药业集团的行为，还是继续玩文字游戏，更巧妙地借助"王老吉"的品牌影响力？加多宝的营销团队没有这样做，而是采取了另外一种思路。

几天后，加多宝公司发布了 4 条非常特别的微博，如图 6-18 所示，每条微博都是一个哭泣的宝宝的图片，后面都是以"对不起"开头的解说语……

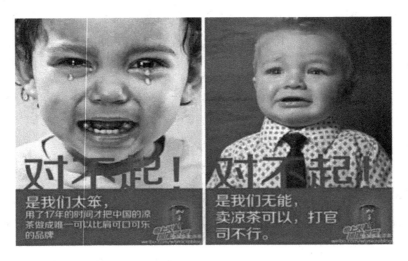

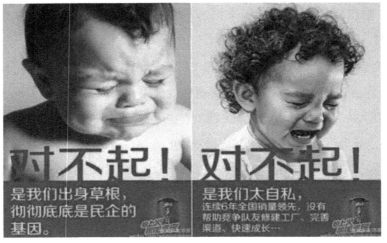

图 6-18　加多宝的"对不起体"

对不起！是我们太笨，用了 17 年的时间才把中国的凉茶做成唯一可以比肩可口可乐的品牌。

对不起！是我们无能，卖凉茶可以，打官司不行。

对不起！是我们出身草根，彻彻底底是民企的基因。

对不起！是我们太自私，连续 6 年全国销量领先，没有帮助竞争队友修建工厂、完善渠道、快速成长……

加多宝的这 4 条"对不起"微博堪称是"悲情营销"的典范。4 个含泪哭泣的小宝宝们充满了委屈，让人瞬间产生怜悯之心，也立刻博得了大众的同情。这 4 条微博发布不到两个小时就被转发 4 万多次，获得 1 万多条评论，甚至有不少网友喊出了"宝宝，不哭！宝宝，加油！"的口号。这次以弱示强的微博营销活动巧打"同情牌"，拉近了与消费者的距离，也让"加多宝"这个凉茶品牌被更多消费者认识、理解和接受。

将商业与行善巧妙融合需要高超的商业策划技巧。一个叫"Life Water"的饮用水企业成功地做到了这一点。

在我们的生活中，喝了一半就被丢弃的瓶装水比比皆是，在会议室里、操场上、饭桌上……城市里面随处可以获得的水让我们感受不到水资源浪费是多么严重的问题，而世界许多地方却存在严重的缺水问题。据相关部门统计，全球每天被浪费掉的瓶装水资源可满足缺水地区 80 万儿童的饮用水需求。如何让被丢弃的另一半水发挥更大的作用？Life Water 推出了一款只有半瓶水的包装，并且在瓶身上印刷了缺水地区孩子的形象，如图 6-19 所示。

虽然只有半瓶水，但售价还是原来整瓶水的两元价格，另外半瓶水由 Life Water 直接捐助给缺水地区的儿童，因此消费者购买一瓶水就相当于将半瓶水做了慈善捐助。在这次活动期间，不仅有 53 万儿童受到了捐助，而且 Life Water 的半瓶水销量增加了 652%。此外，Life Water 将商业与慈善完美地融合，大幅提升了自己的品牌影响力和社会美誉度。

图 6-19　Life Water 的半瓶水包装

　　国际饮料巨头可口可乐特别善于将商业与慈善有机融合。相比竞争对手百事可乐的明星人海战术，可口可乐一向中意于通过各种公益活动赢取人心。善意的举动往往容易瞬间打动用户的心，既让用户持续做出善意的行为，还为公司树立了积极、负责的形象。

　　在迪拜这样的国际化大城市，每天都有很多来自东南亚的外来务工人员辛勤工作，以求让远方的家人过上更好的生活。他们工作一天平均只有 6 美元的收入，可是给家里打国际长途电话就要花掉每分钟 0.91 美元的费用。为了节省每一分钱，这些外来务工人员都舍不得给家里打电话。

　　所谓幸福就是能听到家人的声音。了解到这批外来务工人员的实际情况后，迪拜可口可乐联合扬罗必凯广告公司开发了一款可以用可乐瓶盖当通话费的电话亭装置，如图 6-20 所示，并且将这些电话亭放到工人们生活的地区。只要投入一个瓶盖，经机器扫描确认后，工人们就可以免费进行 3 分钟国际通话。

　　所以，在迪拜当消费者买了一瓶可口可乐时不会扔掉盖子，而是将小小的盖子收集起来送给外来务工人员。这种小小的举动就是一次行善，可以让这些外来务工人员与家人通一次 3 分钟的国际长途电话，获得一段短暂的幸福时光。

图 6-20　可以用可乐瓶盖当通话费的电话亭装置

讲了这么多案例，最后套用我国公益界领袖、南都公益基金会理事长徐永光的经典之语："公益是做好事，商业是把事做好，二者如果规范合作，结果就是把好事做好。"只要初衷不变，让公益与商业"水火相容"又有何不可呢？

所以，在产品创新时不妨巧妙地将同情心赋予产品，让消费者通过购买产品实现一次行善的举动，同时也让企业实现产品的商业价值。何乐而不为呢？

第30计　自我认同与群体认同的需求

一般情况下，人们购买一个产品主要是为了获得产品的使用价值。但是对于某些产品，它们的使用价值并不是最重要的。人们通过购买和使用这种产品获得身份、地位的确认及心理上的满足，获得一种自我认同和社会认同。经济学专家把这种产品定义为"符号产品"，把购买这种产品的行为叫作"符号消费"。

所谓"我消费，我存在"就是符号消费的直接反映，即一个人属于哪个社会群体、处于什么样的社会地位、具有什么样的价值观和偏好往往取决于他消费了什么层次和类型的产品，人们通过一个人的消费水平将他划入某个社会等级或者群体。所以，符号产品就是一个无形的标签，它告诉消费者这款产品属于哪个社会阶层、哪个社会圈子，买了这款产品就相当于进入了这个社会阶层或者社会圈子。

俗话说，人往高处走，水往低处流。人总是对自己当前所处的圈子不满意，向往更高的圈子，所以在自己的圈子里表现出与众不同、高人一等，同时与更高圈子的流行文化保持一致，这是一种必然的心理追求。这种追求反映在消费上就是借助购买一些符号产品消除自己的"身份焦虑"，以求在社会上获得安全感和自尊感。

例如，从功能上来看，小米手机和苹果手机都差不多，但还是有许多人特别是一些年轻人，在收入并不是很高的情况下节衣缩食几个月，甚至向父母要钱也一定要买个苹果手机。人们如此追捧苹果手机，就是因为人们认为苹果手机不仅是一部手机，更是富贵阶层的生活标配。拥有一部苹果手机可以帮助自己更好地接触和融入富贵阶层，同时让自己在现有的社会圈子里显得与众不同、高人一等。

所以，从这个角度来说，一切奢侈品都是典型的符号产品，但是符号产品未必就都是奢侈品。因为社会群体不都是靠财富的多少和社会地位的高低来划分的，有时候消费品位、情怀、价值观都是划分不同社会群体的标志，特别是在一个消费理性、文化多元的成熟社会，符号产品也越发多元化。

在 IT 行业，联想的 ThinkPad 笔记本电脑和苹果的 Mac 笔记本电脑就是两个典型的符号产品。人们通过购买联想电脑和苹果电脑有意或无意地表明了自己所在的群体。如图 6-21 所示，ThinkPad 的使用群体主要是商务人士，他们强调的是笔记本的稳定、安全和可靠，追求的是沉稳、内敛和细致的商务精神；而 Mac 笔记本的使用群体主要是时尚潮流一族，他们将 Mac 笔记本作为一种彰显个人时尚的标签，传递的是一种自我、张扬的个人风格。所以，在一个等级森严、商务气息浓重的公司里，员工如果用 Mac 笔记本来办公，很容易引起同事和上级的排斥，因为大家会觉得这位员工和公司文化不相符。

图 6-21　ThinkPad 笔记本电脑与 Mac 笔记本电脑

无印良品的产品很受人们的追捧，据说小米科技创始人雷军也是无印良品的粉丝。无印良品的产品价格并不是很贵，不是奢侈品，但也是典型的符号产品。如图 6-22 所示，无印良品的产品蕴含着日本禅宗思想、侘寂美学、虚空思想，其特点是朴实、自然、谦逊、安静，让用户获得一种返璞归真的审美体验。因此，与其说无印良品卖的是产品，不如说卖的是一种生活理念——原生态和自然观，卖的是备受高品位人士推崇的简约和质朴，从更高层次来说卖的是一种生活哲学。

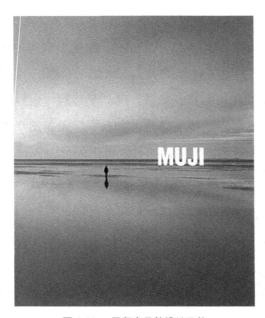

图6-22　无印良品的设计风格

所以，无印良品成为了讲究生活品位、追求宁静自然、谦和不争这类人群的标签，而且这个圈子恰恰是比土豪圈子更高一层的圈子。《罗辑思维》讲过一个关于鄙视链的有意思的现象。社会上不同的群体都有自己的优越感，依据这个优越感来鄙视其他社会群体，这样就形成了一个链条，处于链条上端的群体鄙视链条下端的群体。

人们一方面对自己下方的链条表示鄙视，另一方面又向往进入更高一层的链条。每个圈子、每个阶层、每个链条都有属于自己的符号产品，人们通过消费这些符号产品来表达自己对这个圈子的认同，同时也期望被这个圈子接受和认同。所以，聪明的商家往往会使自己的产品符合某个社会群体的特性，甚至成为他们的代表，最终成为他们的符号产品。

拿手机这种产品来说，当前手机品牌的集中度非常高，整个市场基本上被少数几个手机品牌瓜分，而且各个手机厂家已经很难在手机功能、外观方面营造差异点了。某种程度上，消费者现在所消费的已经不只是一部手机，同时消费的还有这个产品所象征和代表的某种信念和价值观。用户通过对手机产品的消费来彰显个性、格调或对某种价值观的认同。每个手机品牌都在打造圈子，将自己打造成这个圈子的符号产品。例如，苹果手机是高富帅、白富美阵营的标签；小米手机让用户为其"发烧"的符号而消费；华为荣耀为用户打造"民族情怀、有为青年"的文化符号；锤子手机往往被用户调侃为"为情怀买单"。此外，魅族、乐视、奇酷等品牌无一不在努力让自身符号更加鲜明，以此赢得相关用户群体的认同。而那些定位不清晰、找不到自己用户圈子的手机品牌将逐渐为市场所淘汰。

第 7 章

商业模式创新

36^计

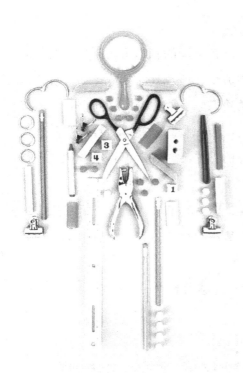

产品创新 36 计
手把手教你如何产生优秀的产品创意

第31计　针对特殊用户

针对特殊用户的产品创新模式其实是一种典型的利基市场创新模式。利基市场又叫缝隙市场，是指某个为行业主流企业所忽视的细分市场或者小众市场，这个市场的消费群体有着独特的消费需求。创业型、创新型企业可以选择一个对它们而言有利可图的细分市场，集中资源开发针对性的产品和服务，建立好市场壁垒，成为这个细分市场的领先者，然后再将企业的竞争优势逐步延伸到更多的领域。

热门创业书《从0到1》也特别强调发掘利基市场，在自己所在的市场做到第一，并尽量避免竞争，这才是创业者应该做的事情。一般来说，理想的利基市场具有以下特征：

（1）该市场具有足够的规模和购买力，能够盈利；

（2）该市场具备发展的潜力；

（3）强大的竞争者对该市场不屑一顾；

（4）公司具备所必需的能力和资源，能够为这个市场提供优质的服务；

（5）公司已在用户中建立了良好的声誉，能够以此抵挡强大竞争者的入侵。

因此，在进行产品创新时就要考虑这个产品将来进入的是一个红海市场还是蓝海市场。如果不能做到比现有红海市场的产品优秀十倍，那么不如找到一个理想的利基市场，成为这个利基市场的开创者和领导者。

如何才能找到一个有利可图的利基市场呢？不妨从病残人群的细分市场入手。

在中国这样一个人口规模巨大的国家，病残人群的规模也是非常巨大的。网上有许多这样的数据，例如，第六次全国人口普查以及第二次全国残障人士抽样调查的数据表明，中国残障人士总人数在 2010 年年末达到 8 502 万人。这个数字相当惊人，世界上许多国家的人口都还没有达到这个数字。在这些残障人士中，视力残疾 1 263 万人，听力残疾 2 054 万人，言语残疾 130 万人，肢体残疾 2 472 万人，智力残疾 568 万人，精神残疾 629 万人，多重残疾 1 386 万人。

长期以来，这些残障人群一直没有得到厂商的重视，没有完全享受到信息社会带来的好处。如果我们针对这些特殊用户群体创造出一些新产品，不仅会获得丰厚的商业回报，还能真正造福于残障人士。

国外有家机构看准了这个商机，发明了一种盲人佩戴的手表，这个产品极具工业设计感。

如图 7-1 所示，这款产品由钛合金材料制成，非常轻便。与普通手表一样，这款手表也有一个圆形的表盘和可更换的表带，表盘上也有一圈时间刻度。但与普通手表不同的是，它的表盘上没有指针，其内部和外沿各有一圈凹槽，里面各有一颗圆珠。它通过圆珠在凹槽的位置来指示时间，外部的圆珠表示小时，内部的圆珠表示分钟，两颗圆珠在磁场的作用下有规律地移动。即使用户不小心触动了圆珠，圆珠也会自动回复到原来的位置，这是这款手表最神奇的地方。盲人只需要用手触摸，通过感知圆珠的位置就可以获知具体的时间。

有人会问：为什么不设计一个可以语音报时的手表？盲人看不见，不意味着也听不见。

图7-1 磁动力盲人手表

这款手表的发明人设计这样一款通过触摸来获知时间的手表，是因为他真的对盲人的生活有深入的了解。很多时候在一些要求安静的公共场合，例如在教室、图书馆、电影院、音乐厅，语音报时的手表使用起来很不方便，不仅会影响别人，也会让使用者感到不安。有一次这款手表的发明人在学校参加一个讲座，旁边一位有视力障碍的同学向他询问时间。这位同学说自己有一块可以语音报时的手表，但是报时声音往往会影响讲座秩序，所以他很少用，每次都不得不向旁边的同学询问时间。这个发明人后来采访了许多盲人，发现这是一个很普遍的需求，于是他和他的团队经过多次实验和尝试，最终制造出这款别具一格的手表。

然而，让发明人意想不到的是，许多视力正常的人也非常喜欢这款手表，因为它充满了高科技气息，工艺制作精良。

除了盲人以外，还有许多色盲患者生活在单调的黑白世界中，无法看到斑斓的色彩。相关数据显示，全世界大概有 8% 的人患有色盲。这个数据相当惊人，同时这也说明这是一个庞大的市场，蕴含着巨大的商机。

国外有家公司看到了这里面的商机，开发了一款针对色盲患者的眼镜。

一般情况下，色盲患者无法分辨红色和绿色，在他们的眼中这两种颜色呈现的都是棕灰色。这款名为"EnChroma"的眼镜能够帮助色盲患者辨别颜色，其工作原理主要是通过色彩过滤和分离的方式来帮助色盲或色弱群体看到彩色的世界。

图 7-2　服务于色盲患者的 EnChroma 眼镜

老年人市场也是一个庞大的细分市场，中国目前已经进入老龄化社会，许多人将产品创新的目光转移到老年人健康护理上。相对于为老年人提供防走失、跌倒报警、吃药提醒等简单功能的智能手环、智能手表等可穿戴产品来说，日本一家机器人研制公司开发的一款针对老年人和残障人士的智能骨骼可穿戴设备可就酷多了。这款设备可通过穿戴者的思维控制达到增强肢体动作的效果，让穿戴者变成"大力士"。

当人的躯体和四肢要运动时，大脑会向躯体和四肢发出信息，人体皮肤表层会产生和传递微弱的电脉冲信号。如图 7-3 所示，这个智能设备检测到这些电脉冲信号后，会配合躯体和四肢的动作做出移动反应。它可以让穿戴者产生比平时更大的力量，举起比以前更重的物体，因此，它不仅可以改善老年人和残障人士的生活，而且可以提升工人的生产效率，降低他们的疲劳程度。

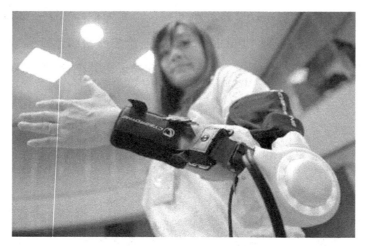

图 7-3　针对老年人和残障人士的智能骨骼可穿戴设备

　　这款智能设备的设计思路不是简单地针对老年人的健康护理，而是换了一个角度，让老年人通过这个设备又焕发了青春活力。

　　儿童也是商家必争的消费群体，各种儿童产品充斥着市场。如何有效开发儿童市场呢？韩国三星手机从另外一个角度出发，有效利用儿童市场拓展了其成人商务手机市场。

　　许多人都有这样的体会，家里的小孩特别喜欢玩大人的手机，这的确是让家长头疼的问题。一方面，孩子玩手机会影响学习以及视力发育；另一方面，许多手机现在都有购物和支付功能，容易让孩子养成乱花钱的习惯。另外，孩子通过手机乱打电话和发信息，也会给身边同事和亲属带来困扰。但是，如果不让孩子玩手机，又会引发孩子的不满和哭闹。针对这种情况，三星在 Galaxy 手机上开发出了儿童专属模式，当家里的小孩想玩大人的手机时，家长只需要将手机设置成儿童专属模式即可。儿童专属模式锁定了一些家长才可以使用的功能，并且对孩子喜欢玩的游戏设置了使用时间，从而能够有效控制儿童玩手机的方式和时间。

图 7-4　三星手机的儿童专属使用模式

有些人会问：为什么不单独针对儿童开发一些电子产品，例如儿童专用手机、儿童专用平板电脑？实际上，市面上有许多专门针对儿童的电子产品，它们的销量并不是很好。首先，专门针对儿童的手机、平板电脑在产品质量和用户体验上很难达到和大人使用的手机、平板电脑一样的水准，孩子不喜欢用；其次，专门针对儿童的内容和应用太少，孩子很容易玩腻；最后，专门针对儿童的产品很容易让家长对孩子的使用情况失控。三星在成人的手机设备上开发儿童模式，不需要用户额外支出费用，不仅为孩子设立了一个绿色、安全、内容丰富的独享空间，而且让用户可以有效地掌控孩子的使用情况，因此这种手机比儿童专用设备更有市场吸引力。

而且从某种意义上来说，三星 Galaxy 手机的儿童专属模式也为三星打开了一个专门针对儿童的入口。众所周知，儿童是一个很大的市场，家长也愿意将钱花在儿童身上，因此赢得儿童的喜爱就等于掌握了一个聚宝盆。

产品创新的前提是要有一个真实的用户市场。与其在惨烈的红海里与万千种同类产品进行残酷的竞争，企业不妨细心挖掘其他不为人关注的、同时具有巨大潜力的细分市场。许多人可能会感慨已经找不出这样的细分市场了，其实是缺乏发现这些市场的眼光。企业长期以来形成的封闭式产品研发模式使产品研发人员缺乏对用户的了解、对市场的敏感，只能人云亦云。只有采取开放式创新模式，吸引社会各种人士参与企业的创新过程，倾听市场真实的声音，调查和研究用户真实的体验和需求，企业才能找到蓝海市场，研发并生产出对这个蓝海市场真正有价值的产品。

第**32**计　产品服务化

随着信息技术的高速发展、市场竞争的日趋激烈，以及共享经济等新型消费理念的崛起，产品服务化趋势越来越明显，消费者也从以往购买一件产品逐步转变到购买产品所提供的服务。这种"只为需要的服务买单"的模式可以帮助消费者避免大额开支以及购买和维护一件产品带来的麻烦。

在 IT 行业，产品服务化现象非常普遍，而且形成了一个趋势。以往无论软件还是硬件，企业都需要购买，并且将其记作企业的资产。而现在随着云计算技术和商业模式的不断成熟，"软件即服务"（SaaS）的模式使得企业无须再购买软件的版权，也就是所有权，企业只需要按人按天支付使用费即可。这样不仅可以大大降低企业使用相关软件的成本，而且还可以让企业享受到更多软件维护和升级的服务。此外，硬件服务化的趋势也非常明显。现在有专门的计算机和办公用品出租公司，企业根本不需要购买电脑和办公设备。这些出租公司不仅提供电脑和相关硬件出租服务，而且提供电脑升级、维修等方面的服务。这对于一些创业公司尤其具有吸引力，使它们可以将宝贵的资金用在更有价值的地方。

除了 IT 行业，其他行业的产品服务化趋势也愈演愈烈。例如，企业的绿化已经走向产品服务化之路。企业以往都会自己买一些绿色植物来装点办公环境，但员工缺乏养植知识和经验，导致绿色植物死亡率颇高，企业还需要招聘绿化工人来照看植物。现在绿化公司实现产品服务化，企业只需要挑选喜欢的植物，支付一笔服务费，然后将照看和打理植物全部交给绿化公司。

不仅是企业，还有许多城市消费者也被按使用时间或次数付费这种模式所吸引。出租车行业就是一个典型的产品服务化的行业。特别是随着互联网技术的发展，出租车行业的服务模式创新越来越多，服务越来越好，这也是滴滴打车、优步大为流行的原因。特别需要指出的是，优步是全球最大的出租车公司，但没有一辆属于自己公司的出租车。优步的短期目标是占领出租车行业，为用户提供最便宜、最好的穿梭大城市的交通方式；优步的第二步是扼杀所有权，随着搭乘费用越来越便宜，人们拥有自家汽车的需求就会降低。

图 7-5　优步的租车服务

产品服务化的核心是分离产品的所有权和使用权，用户只需要购买产品的使用权，而不是产品的所有权。而且拥有产品所有权的用户也可以售卖自己产品的使用权，从而最大限度地提高产品的利用率，降低自己的购置、使用和维护成本。因此，产品服务化这种商业模式是迎合当前节能减排的绿色发展潮流的。

产品服务化的发展趋势对产品制造商既是机会也是挑战，产品制造商要积极研究和探索这种发展趋势。

在家电行业，产品服务化也开始流行。以洗衣为例，以往人们都是购买洗衣机，自己洗衣服，但随着互联网洗衣服务的逐步兴起，许多年轻的家庭已经不再考虑购买洗衣机，或者推迟购买洗衣机的时间。他们往往都将洗衣服这件事交给专业的洗衣公司，进而催生出许多服务于这种消费模式的第三方服务公司。

e袋洗是一款基于移动互联网的O2O洗衣服务平台。区别于传统洗衣按件计费的模式，e袋洗是按袋计费，这也是其名字的由来。如图7-6所示，用户只需将待洗的衣物装进指定的洗衣袋里，然后通过微信或App预约取件人员上门取件。取件人员不做衣物检查，而是直接当着用户的面将袋子进行铅封，然后送到清洗中心。清洗中心的工作人员在高清监控设备下去掉铅封，分拣、清洗、烘干衣物，然后再上门送交给用户。

图7-6　e袋洗服务

同样，在餐饮方面，消费者在家做饭的次数越来越少，送餐上门以及送大厨上门的服务也越来越发达。以"送大厨上门服务"为例，目前致力于这种服务的平台有"爱大厨""好厨师""烧饭饭"等。

如图 7-7 所示,"好厨师"是一款基于地理位置预约厨师上门服务的移动 App 平台,平台上有大量厨师加盟,为用户提供不同风味的菜系。用户可以根据用餐人数、自己喜欢的菜系以及用餐时间在手机端挑选合适的厨师,确认下单,然后厨师便会在约定的时间上门做菜。厨师在上门服务前会提前给用户打电话,了解用户的需求和口味。如果用户家里没有现成的食材,厨师还可以按用户的要求代买食材,而且用户可以对食材进行检查。为了保证服务质量,用户可以对厨师的厨技和服务质量进行评价。另外,"好厨师"平台制定了详细的服务规范和操作流程,并且为厨师配备了统一的调料箱和工作服。所有这些措施都是为了使厨师的整个服务更加标准和规范,提升用户的满意度。

图 7-7 "好厨师"移动 App

在衣食住行领域，产品服务化趋势越来越凸显，越来越多的消费者不再购买产品，而是只消费产品的使用权。这意味着一方面市场不再需要那么多的产品，另一方面消费者发生了变化，由以前的最终消费者转变为服务对象。企业尤其是制造型企业要深刻洞察这种趋势，在产品创新上顺应这种潮流。

企业要时刻明白，用户的消费初心不是产品本身，他们需要的是由产品带来的功能或实现的效用。以空调为例，用户需要的是一个温度适宜的室内空气环境，空调只是手段，不是目的。空调一年之中不发挥效用的时间很多，而购买空调的消费者实际上也在为其无效时间买单。一旦有服务商通过服务的方式解决了这个问题，那么消费者就不会再买空调，而是只需要购买有效的使用时间，这对传统空调企业来说将是一个灾难。

作为国际知名的老牌家用和商用设备制造商，飞利浦深刻地洞察到这种趋势，并且也在积极谋求转变。

飞利浦照明事业部在2011年推出了"不卖灯泡、卖照明时数"的创新服务"PayperLux"，这项服务最先应用在荷兰的史基浦机场。双方签署了一份长达15年的"照明服务解决方案"合约。根据这份合约，飞利浦依照机场需求提供3 700个LED灯具和照明设备，而这些设备的所有权归飞利浦公司所有。在合约期间，飞利浦还要负责这些设备的正常工作、运营管理和维修保养，史基浦机场只需每月支付固定的服务费用。

这项服务协议签署以后，飞利浦的企业运营模式发生了很大的变化。首先，照明设备的所有权重新回归到飞利浦身上，而每月收取的服务费用是固定的，飞利浦当然希望设备的维修成本越低越好，所以飞利浦重新设计了LED灯泡，将容易发生故障的驱动器从灯泡内侧移到外侧。这样一来，万一驱动器坏了，飞利浦也只需要更换一下驱动器，而不用将整个灯泡都丢掉。这不仅大大延长了设备的使用寿命，还降低了整个照明系统的成本。其次，飞利浦非常关注照明设备的重复利用，这也是降低整个照明系统维护费用的一个重要手段。因此，飞利浦比以往任何时候都更加关注产品的回收再利用，不仅精心维护自家产品设备，还将自己的研发能力由照明系统向电力能源管理系统延伸，毕竟电费也是整个照明系统费用支出的重要组成部分。飞利浦利用物联网技术开发了电源管理系统，对整个照明系统的用电情况进行实时监测，使整个系统始终保持最佳的运营状态。

因为有飞利浦提供的照明托管服务，史基浦机场的电力消耗比过去降低了一半，不仅节省了大量的电费，而且减少了碳的排放。更重要的是，飞利浦这一项创新服务降低了史基浦机场的固定资产投入，使公司资产负债表上少了一项资本支出，提升了史基浦机场的整体财务和运营效率。

上述案例告诉我们，产品服务化是一个大趋势，即使像飞利浦这样足足跨越了 3 个世纪的百年老字号企业也在积极适应产品服务化的趋势，寻求改变。

第33计　软件硬件化和硬件软件化

软件和硬件是 IT 行业常见的两种产品形态，而且我们也是按照公司的产品是硬件还是软件将它们划分为两个阵营。但软件和硬件并非是完全对立的，软件硬件化和硬件软件化是 IT 行业非常明显的发展趋势。

几年前，软件和硬件两个行业似乎都是在独立发展的，两者之间的关联性较弱。正如在人们的印象中，微软就是一家典型的软件企业，而 IBM 就是一家典型的硬件厂商，两者很难联系到一起。

但不知从什么时候开始，这两个姊妹行业开始互相渗透。微软推出了一系列硬件产品，例如游戏机、笔记本电脑；而 IBM 在数据库、商业智能、办公应用、图形处理等软件领域也颇有建树。一时间，软硬件厂商的界限开始变得模糊了。

腾讯的 QQ 聊天软件是全球拥有最多用户的互联网产品之一，大家一直认为它是一个软件产品，腾讯是一家软件公司。但是腾讯也做起了硬件，开发了一款 QQ 公仔机器人，如图 7-8 所示。这个名叫小 Q 的企鹅公仔机器人非常智能，它装有微米级高精度体感装置，可以对人的语音、触摸、指令等做出互动回应，同时它的头部、翅膀、眼睛都可以灵活地活动，而且它还可以随着音乐节拍舞动。小 Q 企鹅公仔机器人还是一个 QQ 聊天助手，可以以真实的语音给出即时消息提醒，同时可以将语音输入转化为文字，还可以通过眼睛将聊天表情包真实立体地表现出来，此外，它还是一个智能环绕音箱，用户可以直接报歌名听音乐。

图 7-8　小 Q 企鹅公仔机器人

墨迹天气是知名的天气 App。2014 年墨迹天气所属公司也推出了自己的硬件产品"空气果"，在业内引起了巨大反响。

如图 7-9 所示，空气果机身内设置 6 个工业级传感器，可精确地显示 PM2.5、二氧化碳浓度、温湿度等数据，并对它们进行监测和分析。当空气中有害物质超标，或温湿度过低时，空气果将通过红光、语音等方式提示用户改善当前空气状况。

图 7-9　墨迹空气果

再说说另一家高科技企业。科大讯飞是一家科研实力非常强劲的高科技公司，十几年来一直专注于语音识别技术领域，面向企业市场。我们常用的汽车车载系统的语音识别、电脑和手机的语音输入法基本上都是科大讯飞的技术。科大讯飞针对个人消费市场推出了一款智能音箱产品 X1，如图 7-10所示。除了具备音箱的基本功能以外，X1 最大的特色当然是语音识别的操控方式。例如用户可以说出歌手或歌曲名来搜索歌曲。由于科大讯飞的自然语义识别技术已经做得相当不错，用户只要像正常对话一样对音箱说"我想听周杰伦的《青花瓷》"，X1 就会立刻搜寻到这首歌曲给用户播放出来。此外，X1 还支持哼唱搜索，只要用户能说出几句歌词或者哼出一段旋律，X1 就能帮用户搜索到相应的歌曲。

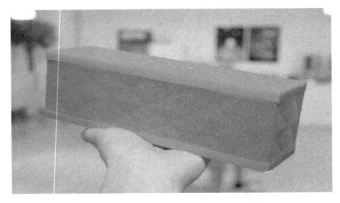

图 7-10　科大讯飞智能音箱 X1

　　在 IT 和互联网界,软件硬件化最激进的就是乐视了。现在一提起乐视的产品,大家的印象就是乐视电视、乐视手机、乐视汽车,已经渐渐忘记了乐视最初是一家软件公司。乐视最早是一家视频网站公司,当别的视频网站还在深耕内容的路上,它却已经以内容为基础,外延出了一个"巨无霸"生态链。从一家名不见经传的视频网站到占据产业链上中下游的大型企业,乐视是怎样做到的? 2012 年是一个转折点。这一年,在内容领域已经囤积了大量正版版权的乐视进军硬件领域,成立了互联网电视公司乐视致新,并宣布要推出自有品牌的互联网电视产品。当时,互联网电视还只是一个概念,并不被大众看好。乐视及时抓住了这个先机进行转型。2013 年,乐视推出了第一款互联网电视,销量好得出乎意料。当年卖出 30 万台,2014 年上升到 150 万台,2015 年乐视电视年销量已经达到了 300 万台。在互联网电视领域,这是一个很难得的成绩。从此,乐视在硬件的道路上一发而不可收。手机、汽车、自行车、智能头盔……几乎市面上所有与互联网内容搭边的硬件产品,乐视都推出了自有品牌。乐视将这种做法称为打造"乐视生态":"无论是超级电视还是超级手机,我们都按照硬件量产成本甚至低于硬件量产成本定价,通过后续服务持续提升产品价值,通过多元化的运营实现企业与用户的生态共赢。"到目前为止，乐视旗下已经成立了影业、音乐、体育、电视、移动、汽车、云计算、互联网金融等多个领域的分公司。而且乐视将业务拓展到了世界多个国家，美国、俄罗斯、泰国、印度等国家都已经有了乐视的身影。

不只是 IT 行业，其他行业也开始向着对方的阵营延伸或者转型。在非 IT 行业，用软和硬来形容当然有些不恰当，用虚和实来区分可能更恰当一些。例如乐高玩具开始拍乐高大电影，迪士尼电影公司在全世界不停地修建迪士尼乐园。

依据苏联著名发明家、TRIZ 理论发明人阿奇舒勒的技术进化论理想度模型来说，硬件软件化是一个必然的趋势。因为最理想的产品是功能效应无限大、边际成本趋于零的产品，但凡有实体的产品都会消耗成本，因此，没有实体形态却依然能发挥作用的产品是最理想的。软件产品的最大特点就是在前期投入开发费用以后，在后期的"生产"阶段几乎不需要成本，即边际成本非常低。许多产品或者产业正在沿这个趋势发展和演化：手机键盘虚拟化就是一个例子，现在的手机基本上已经没有实体键盘了。我们还可以找到很多例子，比如电子书取代了纸质书，电子火车票取代了纸质车票，电子支付取代了纸币，越来越多的餐厅开始用平板电脑取代纸质菜单。生活中硬件逐渐被软件取代的例子比比皆是，在工业、制造业这种趋势更为明显。以现在的虚拟制造、虚拟测试为例。以往我们测试一个产品需要搭建一个真实的测试环境，比如要测试一个空调室外机是否能适应南极那样的极端天气，就需要搭建一个类似南极的测试环境（比如温度、湿度、光照强度、风雪环境），而现在只需要在计算机中输入空调室外机的相关参数和南极的气候条件参数，然后通过相关的算法就可以进行测试。再比如要测试计算机的抗摔性能，以往是真的拿计算机往地上扔，现在也只需要输入计算机的相关参数，然后就可以模拟计算机从各种高度、角度摔下来的后果。

既然硬件软件化从技术进步的角度考虑有其必然合理性，但是为什么还有那么多本来是软件形态的产品却偏要做成硬件形态，而且市场接受度还很高呢？究其原因，软件硬件化其实是受复杂的商业环境和消费者心理影响的。

第一，软件硬件化将大大提高知识产权的保护力度。众所周知，知识产权是信息产业和高科技行业发展的核心，而软件硬件化将使软件的知识产权保护力度得到加强，增加竞争对手模仿和山寨的难度。

第二，软件硬件化可以增强产品的整体稳定性和操作的简便性。所谓稳定性除了性能稳定以外还有安全性方面的考虑，产品可以防止外在的破坏。操作的简便性是指一般来说软件的使用需要一定的平台和环境，而如果做成硬件，将其和使用环境集成，将操作步骤简化和固化，则这个硬件相对于软件在使用过程中将更为便捷。亚马逊的"一键下单"就是一个典型的软件硬件化的产品。如图7-11所示，这个产品是一个小硬件，它将用户购买某一个常用商品的过程和步骤集成在其中，可以像一个按钮一样粘在电器上。用户在购买同样的产品时不需要经过上网、打开网址、选择商品、确认产品、购买、结账、输入金额和信用卡号等烦琐的步骤，只要按一下这个按钮就可以完成购买这个产品的全部过程，然后只需在家里等着收货即可。

图 7-11　亚马逊的"一键下单"按钮

第三，从用户角度来看，软件硬件化可以对用户产生更强的吸引力，增强用户黏性。消费者购买一个产品往往会受多方面因素的影响，一个实体产品相对于一个软件或虚拟产品可以从形状、颜色、图案、触感、声音等多个方面带给用户丰富的体验。例如，一个功能再强大的电子宠物小狗也不如一只活生生的小狗更能吸引孩子。

第四，软件产品后期边际成本为零的特性很容易让用户对软件产品产生廉价感，软件一旦收费或卖得很贵，就容易让用户产生心理不平衡。因此，将软件产品做成硬件或者实体至少让用户在心理上觉得这个产品还值一些钱。

第五，软件硬件化或者硬件软件化还有一个很重要的原因在于销售渠道的限制。如果一个产品的目标消费者更愿意在实体店里购物，那么这个产品的厂商为了扩大市场份额，抢夺这批用户，就有必要将软件产品做成硬件产品，因为硬件产品能更好地抢夺实体货架，抢夺消费者的注意力。像迪士尼这样的电影公司，它的产品就是电影、电视剧，它的销售渠道主要是电影院和电视台，它的目标用户就是那些喜欢待在家里看电视或者去电影院的人。若迪士尼想要扩大市场份额，发展更多的用户，抓住那些喜欢户外活动、喜欢阳光的人，怎么办呢？答案是建设游乐园，将虚拟的电影场景实体化，让那些不喜欢走进电影院的人直接走进电影里。

综上所述，企业在进行产品创新时就要思考：你的产品是适合软件的形态还是硬件的形态？你的目标用户是喜欢实体的渠道还是网上虚拟的渠道？做成软件或硬件对用户有什么好处？是软件还是硬件能更好地应对竞争对手？

第 34 计　打造流量型产品

说到流量型产品，首先说说什么是流量。在消费领域，线下的流量主要指一个场所的人流量或者客流量，而线上的流量主要指某一个网站或程序应用的用户数或者访问量。

无论是线下还是线上，客户流量直接决定了交易量，所谓流量型产品就是可以为商家或者网站带来巨大流量的产品。所谓"目光聚集之处，金钱必将相随"，因此流量型产品又叫吸睛产品、造势产品。

从吸引巨大流量的目标来看，流量型产品其实发挥着广告的作用。但与广告不同的是，流量型产品在吸引巨大流量的同时还要产生利润，它本身还是一种产品，有着自己的产品功能、形态、成本、售价和单位利润。从这一点来看，它有点像促销产品。流量型产品本身可能赚不了多少钱，甚至还可能赔钱，但企业可以通过其他产品和服务将其吸引来的巨大流量变现。

举一个简单的例子。在住宅小区我们经常可以看到附近大型商场超市的班车上贴着花花绿绿的广告，可乐 1 块钱、矿泉水 8 毛、鸡蛋 3 块钱一斤、排骨 6 块钱一斤。对于经常逛超市买菜的大爷、大妈们来说，这些商品的价格是非常优惠的。在这个时候，可乐、矿泉水、鸡蛋、排骨全部变成了商场超市的流量型产品。这些产品的主要目的就是提升商场超市的人气和客流量，带动其他商品的销售。

奇虎 360 公司最早是做杀毒软件的，但经常会开发一些小的智能硬件产品，例如 360 随身 WiFi、360 儿童手环等。后来，奇虎 360 开发了一款叫"360 智键"的智能硬件产品。这个产品是一个很小的按键，可以为 Android 设备实现一键照相、一键抓拍、一键打开手电筒、一键录音、一键加速等多种功能，如图 7-12 所示。

这个 360 智键很便宜，不到 10 元钱，利润也非常微薄。那么 360 公司开发这种便宜的产品有什么意义呢？业内人士分析，其实 360 的目的很明显，和 360 随身 WiFi 一样，360 智键是一个流量型产品。用户花钱买了这款产品，需要注册安装，然后通过内置的一键加速功能很容易与 360 手机卫士之类的产品绑定。这相当于 360 为自己发展了一个新用户，同时也能在智能硬件圈刷出满满的存在感，赚足人气。在今天各类手机应用需要花费大量金钱来赢得用户的时代，通过开发和销售 360 智键这样的流量型产品而免费获得大量的用户，对 360 来说的确是一个划算的买卖。

图 7-12　360 智键

当然，流量型产品在吸引巨大流量的同时，本身并不是在赔本赚吆喝。即使每一个产品只有微小的利润，巨大的流量带来的利润也是相当可观的。从这一点来看，流量型产品的变现模式有点像是薄利多销。一个成功的流量型产品必须具备以下三个要素。

1．产品极具性价比。性价比是功能与价格的综合平衡，产品在一定功能下极具价格优势，或者在一定价格下极具功能优势。这个优势无论是功能还是价格，一定是用户可以感知到的。产品没有极端的性价比，就没有让用户关注和传播的理由，也就产生不了有效的流量。即使通过其他方式能产生很大的流量，也难以持久。极端的性价比的另外一种说法就是极致。小米手机异军突起，在短短几年内成为市场第一，就是因为小米手机具有流量型产品的典型特征，极具性价比，也就是雷军说的"极致"。后来小米手机的增长趋势放缓，也是因为竞争对手的出现使小米手机丧失了极端性价比的优势。产品性价比是流量型产品吸引消费者产生巨大流量的根本原因和前提。

2．用户规模巨大。流量型产品的最终目的是通过产品吸引大量的流量，然后通过产品销售或者其他手段将流量变现。因此，流量型产品面对的市场一定是规模巨大、消费需求旺盛、产品消费频次高的市场。没有足够规模的市场，就没有足够大的流量；如果利润微薄的单个产品没有巨大的流量支撑，企业就很难盈利。当初小米选择从手机市场切入，就是因为这是一个规模巨大的市场。

3．具有合适的流量变现模式。流量型产品吸引来的巨大流量必须通过一定模式转变为资金，否则只有流量是没有用的。目前流量的变现模式并不多。第一种是靠流量型产品本身的销售，实现薄利多销，最早的小米手机就采取了这种方式。第二种是带动其他高利润产品的销售。采取这种模式的企业往往不会只销售一款产品，而是构建一个产品矩阵，让不同类型的产品发挥不同的作用。有些是流量型产品，用来造势和吸引流量；有些是流量变现型产品，专门实现流量的变现与转化。例如，小米在发展后期建设了小米商城，整合了产业链，生产了一系列围绕手机的周边产品和智能生活产品，包括小米手环、音箱、T 恤衫、小米净化器、小米电饭煲等，这就是在将小米手机吸引来的庞大流量进行变现。第三种模式是引流或倒卖流量，即通过广告或者其他方式将流量引流或转卖给其他商家，由其他商家支付费用。广告是一种最简单的流量变现模式。

互联网时代，在中国这样庞大的市场中，每一个细分市场都存在巨大的用户规模，因此任何一种产品都可能实现规模销售，这就为流量型产品的创新模式提供了很大的应用场景。企业在产品创新时要有全局的思考模式，明确各个产品的定位，不妨拿出一些产品进行重新设计、规划，将其定位成流量型产品，为企业其他产品的销售提供巨大的流量支撑。

第35计 打造平台型产品

　　什么是平台型产品？首先要说说什么是平台，平台在商业领域简单地说就是连接用户、产品提供方以及第三方服务商的一种双边或多边的商业系统。平台型企业就是打造和运营这种商业系统的企业。这种平台型企业本身不生产具体的产品，而是在产品和用户之间建立便于完成商业交易的桥梁。因此，平台型企业关注的不是单个产品的价值，而是整个平台所实现的价值。以电商平台淘宝为例，淘宝本身不生产任何产品，但是它提供了一个联系卖家和买家的线上交易平台。平台的收入不依靠具体的单个产品和单笔交易带来的价值。平台的典型属性包括连接性、标准化、第三方收益。平台型产品就是具有平台属性的产品，简单地说就是这个产品有助于企业形成一个开放的平台，连接用户和第三方服务商。

　　一个普通产品和一个平台型产品的区别在哪里呢？简单地说，一个普通产品关注的是自身的价值，收入来自于这个产品的销售收入；一个平台型产品关注的是整个平台的价值，也就是平台对第三方服务商的价值，因为平台的收入来源于与之有利益关系的第三方。

　　接下来，我们看看业内著名的豆浆机生产企业九阳是如何将一个豆浆机从普通产品向平台型产品转型的。以往九阳生产的产品只是豆浆机，它的收入来源就是卖豆浆机所赚取的利润，它和用户的交易是一锤子买卖，用户付钱购买豆浆机后九阳和用户的关系也就结束了，九阳无法再利用这台豆浆机或者从这名用户身上赚取更多的钱。后来，九阳推出了一款叫作"One Cup"的豆浆胶囊机，如图 7-13 所示。One Cup 豆浆机充分借鉴了美国绿山咖啡的快饮思路，颠覆了做豆浆的传统模式。做豆浆的传统方式是现磨、现煮，不仅时间长，而且噪音非常大，另外豆浆机产品本身结构复杂，非常难于清洗。One Cup 豆浆机采用"豆浆机＋随行杯"模式，不再需要在机器内研磨豆料，只需要用户直接放入九阳配备的随行杯并按下按钮，30 秒即可自动冲出一杯味道鲜美的豆浆。

图 7-13　九阳 One Cup 胶囊豆浆机

这种豆浆机机体本身的工作任务是将水烧开并与豆粉混合冲调，省去了传统豆浆机的刀头和多种程序的设定，结构相对简单，功能相对专一。其核心是随行杯，如图 7-15 所示，它类似于咖啡胶囊机的咖啡胶囊，其实是一个经过特殊配方的豆粉盒。将这个豆粉盒放入豆浆机中，按下按钮，豆浆机经过"刺穿豆粉盒""加压""萃取"三个步骤，就将一杯可口的豆浆制作好了。

One Cup 胶囊豆浆机是一个平台型产品，因为九阳公司不是靠卖这款豆浆机赚钱，而是靠卖随行杯赚钱。这种胶囊豆浆机的随行杯已经配有咖啡、奶茶等饮品，为用户提供多种口味选择，如图 7-14 所示。凭借九阳在豆浆机市场的主导地位，如果 One Cup 胶囊豆浆机能够占据一定的市场份额，那么九阳就可以彻底转型为一家饮料公司，随行杯的销售收入将成为其总收入的重要部分。更进一步地说，一旦随行杯得到市场的认可，成为行业标准，那么九阳无须再自己生产随行杯，它只需要提供标准和授权，吸引众多第三方厂商生产类似的随行杯。如此一来，随行杯的口味丰富多彩，不仅能满足用户的多样化需求，还能让九阳彻底转型为现代健康快饮的平台提供商，这就是一个平台型产品带来的商业力量。

图 7-14　One cup 胶囊豆浆机的随行杯

苹果的 iPod、iPhone 系列产品已经成为历史上非常成功的平台型产品。众所周知，以前苹果是一家典型的做产品的公司，即使在乔布斯（Steve Jobs）回归苹果的那几年，苹果也依然在老老实实地做产品。虽然苹果推出了 iMac 这样备受用户追棒的超酷产品，但是乔布斯延续的依然是做产品的老路，苹果公司在资本市场的表现也不温不火。而 2001 年是非常值得纪念的一年，这一年苹果的 iPod 音乐播放器诞生了，也正是因为 iPod 的诞生，苹果从此走上了一条不同于以往的高速成长之路。借助于 iPod，苹果很顺利地进入了音乐市场。为了给用户提供更好的产品使用体验，苹果在 2003 年推出了 iTunes。当时谁都没有想到，iTunes 会成为苹果历史上最具革命性的创新产品之一，让 iPod 迅速从一个传统意义上的产品转变为一个平台型产品。这一年苹果的市值就是一个很好的证明，在经过长期的低靡之后，苹果公司的市值从 2003 年 3 月开始终于一飞冲天了。

苹果推出的 iTunes 受到用户的热烈欢迎，因为 iTunes 可以帮助用户更方便地下载和管理音乐，极大地提高了用户对 iPod 的使用体验。这也将 iPod 和其他音乐播放器区分开来，使 iPod 在很短时间内就占领了近 90% 的市场。同样，唱片公司也对 iTunes 表示欢迎，因为 iTunes 的出现让唱片公司看到了盈利的可能性。在这之前，唱片公司一直对泛滥成灾的音乐盗版无能为力。而最高兴的当然是苹果公司，乔布斯可以一边卖 iPod 赚硬件的钱，另一边再通过 iTunes 赚音乐的钱。

时间转眼就到了 2007 年，这一年苹果公司发布了划时代的产品——iPhone 手机，彻底颠覆了手机行业，随后又推出了 App Store，将其平台型产品模式继续发扬光大。2010 年年初，苹果推出 iPad，在应用软件方面依然沿用了"iPhone+App Store"的模式。苹果将平台型产品模式运作得炉火纯青。

平台型产品的商业运作模式就是为用户提供一个平台，最大程度地凝聚用户，然后凭借庞大的用户规模向第三方提供商收费。这是一种典型的"羊毛出在猪身上"的互联网商业模式，所以打造平台型产品是一种典型的具有互联网思维的产品创新方式。

第 *36* 计　深度定制

深度定制又称深度个性化定制，是指企业根据消费者提出的特殊需求定制产品。随着科技的进步和生活水平的提高，消费者的需求越来越多元化、小众化。消费者愿意为那些可以满足其独特需求、彰显其个性的产品支付较高的费用，商家也不失时机地推出一些号称是绝版、专属、独家、定制的产品来迎合这种需求，制造型企业更是投入巨资进行产业升级和设备改造，从而提升个性化产品的生产制造能力。消费者的个性化定制需求主要体现在产品颜色、图案、外形上，还包括更为复杂的产品功能、内部结构等方面。

在产品外观方面实现个性化定制往往比较容易实现，也比较容易提升用户体验。将个性化图案印在纸上、杯子上、T 恤上已经是司空见惯的小把戏了，台湾有一家名为"Let's Coffee"的咖啡店更是独具创意，如图 7-15 所示，它提供了一项颇有趣味的定制服务——个性化咖啡拉花。顾客将手机中的自拍照片发送给咖啡拉花打印机，这台特制的打印机就会根据照片制作咖啡拉花。而且，顾客还可以在咖啡泡沫上印上一些个性化的文字和花边。最奇特的是这个咖啡拉花照片的细节和色彩都非常精细。

图 7-15　Let's Coffee 咖啡店

从另一方面讲，满足用户的个性化定制需求意味着企业要具有极强的弹性生产能力。当前随着物联网技术的迅猛发展，企业也有条件从以往的大规模标准化制造变成大规模个性化定制，这就为个性化定制模式的迅速普及提供了很好的条件。

　　海尔集团多年来专注于家电的研发与制造，为新老用户提供了很多值得称赞的家电产品，并凭借完善的售后服务与过硬的产品质量成为国内数一数二的家电企业。海尔的互联网智能制造工厂也是国内为数不多的可以实现智能制造、大规模个性化定制生产的工厂。面对个性化定制的消费潮流，海尔商城也推出了家电产品的个性化定制服务，用户不仅可以定制家电产品的外观，而且可以定制家电产品的功能。以海尔的个性化空调定制服务为例，用户可以通过海尔商城个性定制频道选择自己喜欢的空调样式，包括空调面板的颜色和图案、空调的功能。如图 7-16 所示，在个性定制频道中，海尔商城为用户提供了"轻舞飞扬"和"鸟语花香"两个预制面板。如果用户不喜欢，还可以定制自己喜欢的面板。用户直接在相关对话框里与定制专员对话，提出自己对空调的要求，如"我想把全家人的照片放到空调面板上"。定制专员会根据用户的要求给出答复，还会提醒用户需要上传的照片尺寸等。除了空调面板的图案以外，用户还可以个性化选择空调的功能，包括默认标准配置、健康除甲醛、智能 WiFi 等，用户可以选择一款最适合自己家庭环境的空调。如果觉得这些还不够，用户还可以通过海尔商城的"我有更好创意分享"按键，向海尔商城设计师发起线上会话，将对空调的个性化要求告诉海尔商城，海尔商城将为用户提供最佳的适配方案和建议。根据用户对产品个性化需求的复杂程度，海尔强大的互联网工厂只需要 2～4 周时间就可以将用户喜爱的个性化定制产品送上门来。

　　个性化定制目前已经成为吸引消费者、提升消费层次、帮助企业拓展更多利润空间的主流商业模式。不仅制造业如此，服务行业也在积极发掘个性化定制消费潮流里的商机。

　　香港有一家名叫"OVA"的建筑设计事务所借鉴乐高积木，设计了一家颠覆传统建筑结构和风格的新型酒店。在这家名为"Hive-Inn"的酒店，一块块色彩鲜艳的乐高积木变成了一间间巨大的、由海运集装箱改装而成的酒店客房。

图 7-16　海尔商城官网个性定制频道

　　如图 7-17 所示，Hive-Inn 酒店主要由网格状的承重框架和可以自由移动的集装箱客房组成。网格承重框架由钢筋铸成，整体结构类似于一个巨大的蜂巢，非常坚固。网格承重框架顶部装有巨大的塔吊，可以按顾客的要求自由移动和摆放集装箱客房。框架中间有多部电梯可以直通酒店大堂，方便顾客出入。

图 7-17　Hive-Inn 集装箱概念酒店（外部）

除了独特的框架结构以及可以自由变换空间位置的酒店客房之外，Hive-Inn 酒店的另一个特色就是个性化的客房装修风格。这些客房由回收的海运集装箱改造而成，每个集装箱的外壳都被涂上了某个知名品牌的商标和主题颜色，例如红色的法拉利、黄色的兰博基尼、蓝色的英特尔、红色的维珍、蓝色的福特等。远远望去，整个 Hive-Inn 酒店真的就像是一座巨型的乐高积木作品。

此外，每个客房内部的装修设计风格也是独具匠心，与外部涂装品牌保持着高度的一致性。如图 7-18 所示，设计师可以根据品牌厂商的要求对客房的装修风格进行深度个性化定制，甚至还可以设计个性化的家具。

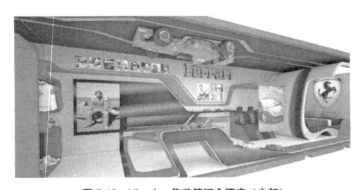

图 7-18　Hive-Inn 集装箱概念酒店（内部）

整个 Hive-Inn 酒店采用了模块化的设计理念，形成了一套开放的系统。这就意味着这个酒店不仅可以为顾客提供客房服务，还可以用作办公室、应急医疗场所、临时住所和商铺等。此外，任何一个符合酒店标准的集装箱房间都可以自由地搬出搬进，人们可以将自己的房子吊起来，然后插到另外一座类似 Hive-Inn 的大厦里。这种创意不得不让人拍案叫绝。

因为采取了深度定制化的创新模式，这个酒店的收入来源已经不只是客房收入，还有大量收入来自品牌赞助商。此外，这个酒店一定会吸引各个品牌的粉丝，让他们形成黏性。因此，酒店的入住率会大大提高。

第 8 章

产品创新 36 计的应用

36 ^计

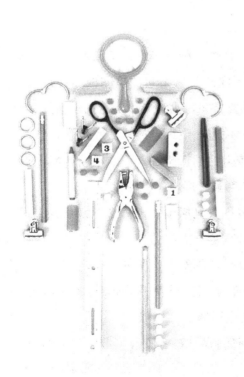

产品创新 36 计

手把手教你如何产生优秀的产品创意

创新工作坊与产品创新 36 计

　　创新工作坊是近几年在企业里非常流行的一种群体性创新活动。这种创新活动强调跨团队协作、开放式创新。不同部门、不同团队的成员在一起，在创新引导教练的带领和相关创新工具的支持下，围绕一个确定的创新目标，按照一定的流程有组织地进行头脑风暴，快速产生大量的想法和创意，经过评估后筛选出一些高质量的、可实施性较强的创新想法，形成创新方案，然后投入资源落地实施，从而推动企业的变革和发展。

　　创新工作坊要解决的创新需求多种多样，包括企业经营管理、业务流程再造、产品研发、市场营销、客户关系管理等方面的创新需求。总之，企业在经营发展过程中遇到任何问题，都可以采取创新工作坊的方式，利用群体性智慧给予解决。此外，不仅是企业经营管理问题，大到治国理政，小到社区、家庭矛盾，都可以通过创新工作坊的形式进行解决。

　　归根结底，任何创新都是在用一种新的方法解决问题。创新工作坊是一种较好的问题解决模式，原因有两个。第一，它是一种群体性创新活动，参与人员有着不同的知识背景和个人理解，提出的创新想法和解决方案具有很强的差异性和多样性。这为问题的解决提供了多种可能，容易打破单个人思考问题时形成的思维定式，更容易产生质量较高的想法和解决方案。第二，围绕一个创新需求或待解决的问题，不同部门的利益相关人员坐在一起出主意、想办法，并且对相应的创新想法和解决方案进行讨论、评价，达成共识，因此在项目的后续推进和执行过程中，决策链条上的相关人员很容易彼此理解和支持。

　　企业在解决不同的经营问题时会采取不同形式和内容的创新工作坊，使用不同的组织流程、创意激发工具。业内比较流行的是美国著名创新服务公司 IDEO 的创新工作坊流程，但是企业在具体实践时也可以根据自身的情况进行调整和优化。

　　在产品创新活动中，我们基于多年的实践，总结出了适合企业开展创新工作坊的相关工具，即产品创新 5 步法和产品创新 36 计。

　　与 IDEO 的创新工作坊流程类似，我们的创新工作坊主要包括 5 个步骤，如图 8-1 所示。

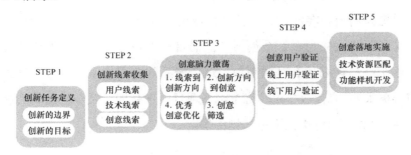

图 8-1　产品创新 5 步法

第一步　创新任务定义

　　只有对创新任务进行清晰的定义，才能确保创新任务的达成。企业的许多创新任务最终失败，很大程度上是由于企业领导之间、领导与创新团队之间、创新团队成员之间以及创新团队与外部合作伙伴之间对创新任务的理解存在偏差，所以一开始就需要对创新任务进行清晰的定义。我们对创新任务的定义一般体现在两个层次上。

第一个层次是要明确创新的边界：我们是在做微创新，还是在做颠覆式创新？微创新是一种基于现有产品和用户市场的创新，而颠覆式创新是基于未知或未来发展趋势的创新，会对企业现有资源能力和商业模式带来极大挑战，但也会带来新的机会和希望。所以从一开始就要明确企业领导要求的创新成果是微创新还是颠覆式创新。如果是颠覆式创新，这是否能得到企业现有资源和能力的支持，是否符合企业的发展战略？如果不搞清楚这些，即使通过创新工作坊产生大量新颖有趣的创新想法，最终也很难落实并产生商业价值。

第二个层次是对创新目标的描述：本次创新任务成功的标准是什么？这里我们一般会用多种方法对创新目标进行描述。例如，"MBC 法"是一种从社会公众（媒体）、企业、用户等多个视角来描述和评价创新成果的方法。我们会通过一套模板引导创新工作坊发起人换位思考，分别站在媒体公众的角度、企业的角度、消费者的角度来定义、描述和评价创新目标，从而使创新目标变得更为清晰和客观。另一种目标设定法是"5W1H 法"，它可以引导创新工作坊发起人去思考，这个创新产品的目标用户是谁，主要的使用场景是什么，这个产品计划什么时候上市，这个产品的核心价值是什么（解决用户什么核心需求），为什么要启动这个创新项目（项目的背景和企业的目标是什么），大致的成本和价格范围是怎样的等。

 第二步　创新线索收集

围绕创新目标，我们会收集大量的信息线索作为之后工作坊产生创意的输入材料。一般情况下，我们会收集三方面的信息线索：第一是用户线索，第二是相关创意和产品线索，第三是相关前沿技术线索。

用户线索主要用来洞察用户潜在的、真实的需求。如何掌握用户的真实需求？这就要求我们在收集用户线索时一定要带着客观、全面的态度。我们在调查时选择的用户要有代表性，一般需要选择三类用户：第一类是领先用户，他们对创新课题有着极大的兴趣，并且是现有产品的积极使用者；第二类是极端用户，他们根本不使用我们的产品或者对产品抱有极度不满和抵触的情绪，一定还有未被满足的需求；第三类是相关用户，他们不直接使用我们的产品，但是在整个产品价值链上发挥着重要作用和影响。

在研究用户的过程中，我们一般采取三种方法：第一是现场观察法，观察用户在一个真实的场景中如何使用产品，有哪些特殊的习惯和举动，存在哪些问题；第二是焦点小组访谈法，将多个用户请到一起交流对产品的意见，发现共性问题；第三种是问卷调查法。我们的问卷调查法不是大范围地在街头拦截陌生用户进行调查，而是有针对性地选择典型用户进行问卷调查，用户可以拿回家里慢慢填写，调查的内容往往是用户使用产品的一些过程、想法和体验。这三种用户研究方法相互配合，可以达到较好的效果。

在调查和收集用户线索时，为了更有利于创新工作坊后续工作的开展，我们对如何描述用户线索提出了三大原则：第一，客观描述，调查员不应带有自己的主观分析和猜测；第二，多问为什么，让用户说出自己真实的想法和问题；第三，清晰记录在收集用户线索时的场景和用户的个人信息。

我们将以上收集用户线索的方法称为"333法"。将收集到的用户信息都整理成扑克牌大小的卡片，在每个卡片上放置一条线索，留在下一个环节使用。

围绕创新目标、用户需求收集相关创意和产品线索，你会发现有许多企业或个人已经提出了相关的创意和想法，市场上也可能有了一些相关的产品。这些创意或者产品对我们的创新任务都会带来一些启发。为了保证可以收集到足够多的相关创意和产品，我们可以将本次创新任务的外延扩大，借鉴跨界创新的思想，提取一些关键词，在网上进行搜索，最后将收集到的产品和创意信息制作成A4纸大小的卡片，一张卡片放一个产品或创意，作为我们后续环节的重要参考。在描述每一个创意或产品时，可以借鉴产品创新36

计所包括的 2 个方面、6 个维度、36 个创新思考点，清楚地描述收集到的产品或创意在哪些方面、哪些维度、哪些点上对我们这次创新任务有帮助和启发。

此外，我们还要收集相关技术信息。在产品创新层面，技术对实现产品功能具有很大作用。一个再好的创意，如果没有技术手段支持就无法落地和实现商业化，无法为企业和用户带来价值。颠覆式创新受前沿技术的牵引，一些新技术的出现和成熟往往会对一个产品带来革命性的影响。颠覆性的技术来源于两个方向，一个是本领域新技术的出现，另一个是其他领域成熟技术的跨界应用。我们应该围绕本次创新任务和目标，收集尽可能多的相关技术线索，整理成 A4 纸大小的卡片，并从这个技术是什么、能实现什么功能、对我们的创新任务有什么价值等方面来进行描述。

第三步　创新脑力激荡

创新脑力激荡是整个创新工作坊最核心的环节，这个环节具体包含以下四个步骤。

第一，洞察用户线索，形成创新方向。

洞察用户线索就是基于调查得到的用户线索去挖掘背后的深层次原因，基于这些原因来反思其对企业意味着什么，企业可以做哪些事情，这些事情对用户的价值是什么，然后再将这些思考结果归纳形成创新方向。从用户线索到创新方向是一个归纳和升华的过程。简单地说就是这么几步：用户线索→背后原因→企业可以做的事情→对用户的价值→归纳为创新方向（用户价值主张）。

举个例子，国外有一家做碎纸机的公司，研发人员了解到用户有许多不满和抱怨。例如，用户发现碎纸机刀片很容易生锈、碎纸不完全、容易卡纸、碎纸速度很慢、很浪费时间、碎纸过程噪音很大……针对这些问题，常规的解决方案是让刀片更锋利，用不生锈的材料，加大马达的功率和转速，加快碎纸速度。这家公司的研究人员经过深入的研究，发现现有的碎纸机都是办公设备，体积很大，放在家里书房非常占地方，而且噪音较大，会影响家人休息。所以，用户一般都把碎纸机放到地下室。而地下室往往比较潮湿，这样容易导致刀片生锈。另外，由于碎纸机在地下室，用户往往会积攒一大堆要粉碎的材料，然后才拿到地下室去粉碎。由于积累的废纸太多，碎纸机一次工作的时间也就太长，这还会引起卡纸等问题。用户等得不耐烦，于是抱怨碎纸速度太慢。所以，用户特别是家庭用户需要的其实并不是一个刀口锋利、速度很快的碎纸机，而是一个体积比较小、噪声比较低的碎纸设备。因此，轻便型、小型、低噪音、随时性就是这个碎纸机产品创新的几个方向。围绕这些方向，研发人员设计了一款小型的低噪音碎纸机，放在用户的书房里，可以实现随时随地碎纸。

第二，围绕创新方向，利用创新工具产生大量创意。

围绕创新方向，如何在极短的时间内产生大量的高质量创意？这需要一定的方法和工具。一般情况下，我们会交替使用多个工具，反复刺激创新工作坊参与者的大脑，打破他们的思维惯性，激发他们产生大量新颖别致甚至疯狂的想法。我们用得最多、最有效的工具就是产品创新 36 计。

创新有时候是从 1 到 N 的创新，是基于一个现有的产品做微创新；有时候是从 0 到 1 的颠覆式创新，需要产生一个全新的、从来没有过的产品概念。无论是哪种形式的创新，如果我们可以借鉴其他一些领域的产品或创意的优点，将其融入我们的产品创新中，那么就可以大大降低创新的难度。

基于这样的理念，我们在实际操作过程中会事先收集其他领域与我们产品创新目标相似的创意、新产品和新技术，然后利用产品创新 36 计从产品功能、结构、外观形态、用户体验、用户情感需求、商业模式 6 个维度来分析，这些创意或产品能不能为我们的产品创新带来启发。

在工作坊现场，我们依据产品创新 36 计对之前收集到的大量与本次创新任务相关的创意、产品和新技术进行分析解读，找出它们可供借鉴的创新点，然后做成创意激发卡片，打印出来贴在墙上，形成一个创意激发物线索墙。

在产品创新36计的具体应用中，我们要求参与者遵循以下思考步骤。

（1）明确创新方向，始终记住创新来源于解决用户问题的强烈愿望。

（2）为用户着想，特别要重视他们的一些痛点和不满。

（3）从收集到的大量产品、创意和技术线索中挑出最感兴趣的那一个。

（4）在功能、结构、外观、用户体验、用户情感、商业模式这6大维度及36个创新点上分析这个产品、创意和技术，找到你特别感兴趣的特点或优点（创意激发点）。

（5）基于你获得的一个或多个创意激发点，试看能否将其应用到当前的产品创新中。在试探过程中，可以在原有创意或产品的基础上做一下变形或改变，使其可以更好地解决当前的产品创新问题。

（6）将你的解决思路和想法按规定的模板整理成一个创意。创意要满足创新的三个要素：第一是新的，是以前没有过的；第二对用户一定要有价值，确实可以解决用户的一些问题或痛点；第三在技术上是可以实现的。

（7）重复步骤（3）到步骤（6），获得更多的创新想法。

第三，利用评价工具对创意进行评价，选出最有价值的创意。

面对产生的大量创意，我们会使用创意评估工具，让参与者共同选出有价值的创意。一般会进行两轮投票，第一轮主要从时间上的近、中、远三个维度将创意分成三类。第一类是近期（1年内）就可以落地实施的，第二类是中期（2～3年）可以落地实施的，第三类是远期（3～5年）可以实现的。第二轮投票是从每一类里选出5个最有特色的创意（最有特色的创意可以从高度差异化、高度性价比两个维度进行评价）。

在这个过程中，为了保证评选出来的创意可以顺利通过后续的立项、研发、生产等环节，我们可以适当加大后期参与创意立项评审或者资源配给的人员的权重，从而使投票选出来的创意更容易通过后续的内部立项流程。

第四，对选出来的创意进行完善和优化，形成初步的商业计划书。

对于通过投票评选出的近期可以落地实施的创意，我们还会进行一次完善和优化，形成初步的商业计划书，一般从以下七个方面进行优化和完善。

（1）用户属性。我们要描述出这个创意的目标用户是谁，他们的社会属性和职业属性是什么，这样可以使我们精准地定位和找到他们，便于后期的产品验证和市场营销推广工作。用户的社会属性和职业属性包括性别、年龄、所在地域、家庭情况和角色、受教育程度、社会阶层、主要职业、主要收入等。此外，如果可能，我们还可以估算一下这类用户的市场规模、消费能力，将这些信息作为评估产品市场潜力的参考。

（2）用户需求（包括不满和痛点）。在这一方面可以参考我们前期收集到的用户线索。

（3）这个创意的功能，以及实现这个功能的技术手段。

（4）这个创意能给用户带来的价值和好处。为了了解这一点，我们可以对用户的使用场景进行描述。

（5）产品大致的内部结构和外观形态（用图画出）。

（6）产品立项所需的资源和要解决的问题。

（7）产品生产和上市大致需要的投资额，以及上市两年内大概能得到的回报。

最后，我们可以选出一个投资委员会，采取小组 PK 的方式让每个小组像做路演一样围绕这个产品创意汇报自己的商业计划，并由投资委员会选出最佳的三个方案，决定是否进入后续的产品立项流程。投资委员会可以由对企业内部投资立项和评价标准比较熟悉的同事担任。

第四步　创新用户验证

创新工作坊现场经过产品创新 36 计和头脑风暴产生和筛选出来的创意以及最终形成的商业计划书，某种程度上可能只是创新工作坊参与者的一厢情愿。虽然许多创意产生的依据是对用户痛点的洞察而提炼出来的创新方向，但还是可能带有较大的主观性，所以还需要对产生的创意方案进行用户验证。

一般情况下，用户验证可以分为线上和线下两种方式。随着互联网技术的发展，我们可以很轻松地邀请目标用户在指定的微信群、QQ群、社区论坛进行线上交流讨论。我们也可以在线下组织小范围的焦点小组，进行交流讨论。无论线上还是线下，我们都可以邀请以前调研过的用户，也可以邀请新的用户。在创新工作坊的创意优化完善环节之前，我们已经将目标用户清晰地定义出来，所以邀请什么类型的用户就已经很清楚了。

由于我们在创新工作坊的创意优化完善环节已经产生一些内容比较丰富的创意方案，所以可以直接将这些创意方案整理成用户验证的方案，并发布到相关线上用户交互验证社区或者线下的用户交互验证小组。最后，基于用户的评价和反馈，对创意方案再做修改和完善。

第五步　创新落地实施

对于通过用户验证的创意方案，依据产品迭代式开发思路，我们需要尽快制作一个简单的功能样机，证明其在功能原理上是行得通的，在技术上是可以实现的。这也是企业产品创新最关键的一步。许多很好的创意方案往往走到这一步就夭折了，因为没有合适的、高性价比的技术手段去实现创意产品的功能。

我所在的团队长期跟踪前沿技术，建立了一个庞大的前沿技术数据库，这个数据库每天都在不停地抓取世界上最新出现的技术，并且按技术可能的应用领域、技术成熟度等多个维度打上标签，分类存放。所以，我们可以很容易地为通过用户验证的创意方案匹配上合适的技术，甚至拥有这项技术的团队，从而确保这个创意在技术上可以实现。

通过采取开放式创新模式，购买相关技术拥有者的产品和功能模块，甚至邀请技术拥有者一起参与功能模型的开发，我们可以大大提高最终创意的落地和成功率。

如前所述，创新是一项高风险的商业活动，创新的一系列环节都充满了不确定性和挑战。一个新产品能否成功上市往往由许多复杂的因素决定，而一个人、一个团队、一个部门所掌握的资源和信息毕竟是有限的，所以，我们建议企业采取创新工作坊的方式，将用户、企业跨部门团队、外部创新服务公司、技术资源伙伴一起纳入整个产品研发和创新的过程。只有采取开放式创新的方式，才能保证颠覆性产品源源不断地产生。在企业的开放式创新活动中，产品创新 36 计可以在创意激发环节发挥巨大的作用，打破创新工作坊参与者的思维定式，帮助他们高效地产生大量高质量的创意。

投骰子，让创新变得更简单有趣

创新工作坊是一种非常好的群体性、跨团队创新形式。来自不同部门的员工围绕一个给定的创新目标，通过创新方法的指引和创新激发物的刺激就可以在较短时间内产生大量的高质量创意。

但是在很多情况下，我们很难召集那么多人一起开展头脑风暴。那么有没有更简单的方法让一个人也可以快速产生大量高质量的创意？

我们可以通过一个投骰子的游戏，利用产品创新 36 计所提供的众多创新方法，将产生创意变成一件简单而有趣的事情。

如图 8-2 所示，我们可以拿 6 个骰子对应产品创新 36 计的 6 个创新维度，每个骰子的 6 个面对应每个创新维度下的 6 个创新方法，这样 6 个骰子的 36 个面就代表了我们产品创新 36 计。

为了更方便记忆，我们可以拿出一张白纸，裁成 36 个小纸片，在每一个纸片上写上一个创新方法，然后将写好创新方法的小纸片粘到 6 个骰子的每个面上，如图 8-3 所示，这样，我们就有了一套产品创新 36 计专用骰子。

图 8-2　6 个骰子

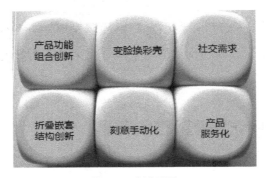

图 8-3　创意骰子

　　具体的使用方法非常简单。想着你的创新目标，拿起一个骰子，看看每一个面的创新计策，尽力想出新的想法。

　　我们以生活中常见的一个厨房小电器——电热水壶为例，我们的创新任务是要设计一款全新的电热水壶产品。针对这个创新目标，我们拿起一个骰子，例如"产品功能创新"的骰子，看看它的 6 个面，试着产生一些新的想法。

　　假如我们看到的是"产品功能组合法"，我们可以将净化和加热功能相结合，设计一款具有净水功能的电热水壶。假如我们看到的是"单一功能极致创新法"，我们可以将电热水壶的亮点功能集中到除水垢这个用户痛点上，设计一款不结水垢的电热水壶，将这个功能做到极致。基于"产品功能跨界创新法"，围绕电热水壶的主要技术实现方式——电加热，我们看看其他领域的加热技术都有哪些（例如太阳能技术），然后可以发明太阳能热水壶，这样即使在一些没有电源的地方，只要有阳光，我们也可以很容易地喝到热水。基于"模块化创新法"，我们可以将一个电热水壶的部件拆开，看看哪些部件可以做成标准化的模块，并针对不同用户和场景提供多样化的选择。我们可以试着将壶盖模块化，让其可以承担不同的功能，例如在壶盖上加装一个搅拌器，做出一个带搅拌功能的电加热水壶；或者在壶盖上加一个电动刀头，用来打果汁，制作热的果汁饮料；或者在壶盖上加一个咖啡豆研磨器，这样就可以用这个电热水壶喝现磨咖啡。采取模块化的创新方法，我们的电热水壶就变成一个成套产品，一个壶配 4 个功能不同的盖，可以实现 4 种常用的功能。基于"移动化创新法"，我们可以设计一款便于携带的电热水壶，同时使用高能电池，一块电池可以加热 1 升的水，这样我们就可以带着电热水壶去旅行，随时随地都可以喝到热水。基于"自动化和智能化创新法"，我们可以设计一款能定时加热、控制温度的电热水壶，它会根据我们使用开水的情况自动设置烧水的时间、水温、保温的时间等。

以此类推，拿起另外一个骰子，例如"产品外观创新"的骰子，我们可以尝试从外观形态的 6 个创新思考点出发，产生一些新颖的想法。

基于"外形的几何变换"这个创新思考点，我们可以将现有电热水器常见的圆柱型外观、半圆形外观改成方柱型外观、环形外观、锥形外观等少见的形状，带给用户强烈的视觉冲击。基于"透明材质"这个创新思考点，我们可以将不锈钢、塑料材质换成耐高温的玻璃、透明陶瓷等材料，带给用户眼前一新的感受。从"外形仿生"的创新角度，我们可充分借鉴大自然的一些特点，设计一些外观造型新颖独特的产品，让用户在家里就可以感受到大自然的情趣。从"卡通造型"的创新角度，我们可以设计一个卡通造型的电热水壶，甚至可以直接将卡通图案印刷在壶身上。从"动态外形"的创新角度，我们可以在壶身上增加一些 LED 灯和温度传感器。水达到一定的温度时壶身的 LED 灯就呈现出一定的颜色，提醒用户水开了、水很烫、水凉了，带给用户更好的体验。最后，从"变脸换彩壳"的创新角度，为了避免壶身单调的不锈钢颜色，不妨配上彩虹一样的外壳。用户在使用过程中可以经常换不同颜色的壶身彩壳，不仅可以避免烫伤人，还可以扮靓厨房，使人们更热爱厨房。

如此这般，拿起不同的骰子，看看它的 6 个面，想一想，试着产生更多有意思的想法。

除此之外，更疯狂的是，你可以拿起全部骰子，投掷一下，将每个骰子朝上的面所对应的计策记下来，这样就形成了一个组合。这 6 个面分别代表了一个功能方面、一个结构方面、一个外观方面、一个用户体验方面、一个情感要求方面、一个商业模式方面的创新思考点。仔细思考一下，这个组合对你产生创意有没有启发。这种方法具有极大的偶然性，让你跳出常态的思考模式，从一个完全陌生的角度去全面思考你的创意。

这样每投一次骰子就会产生一个组合，这个组合的 6 个创新思考点都会激发你产生一些创意，当然，有时候产生的组合会很奇怪，也许对你没有什么帮助。没有关系，直接再投一次就行了。

我们还是以那个电热水壶的创新为例，目标是设计出一款新颖的电热水壶，与现有的产品形成差异化竞争。

假如我们第一次投骰子得出了自动化和智能化、分布式、卡通造型、降低用户学习成本、社交的需求、深度定制这 6 个创新思考点的组合。围绕这几个点，我们可以快速思考一下，于是就有了这样一个产品创意——带社交属性的智能电茶水壶。这个电茶水壶主要针对喝茶人士深度定制，是智能的，可以根据不同的茶叶提供不同温度的水，并且可以长期保温；壶身或者底座有一个操作显示屏，可以提示不同茶叶的水温、用量、冲泡时间、营养价值等信息；用户可以通过按键对壶进行设置和控制，也可以通过手机 App 控制；壶以紫砂材质的十二生肖为造型，用户可以选择适合自己的生肖造型；与这个电热水壶对应的 App 具有一定的社交属性，将爱喝茶的人联系在一起，并且可以提供附近的茶馆、网上的茶叶和茶具电商以及喝茶人士喜欢的一些活动等信息，帮助爱茶人士以茶会友。

当然，有些时候也没有必要将这 6 个方面的创新要素都集成到一起，只要突出这个创意的主体价值就行了。对于实在无法融合到一起的创新思考点，我们可以大胆舍去其中一些要素。例如，上面这个例子中分布式创新法实在让人想不出它对这个智能深度定制电茶水壶的创意有什么帮助，那么我们可以直接舍去，不用考虑这个创新点。所以当我们投出一把骰子，得到一个创新思考点组合时，可以按实际情况全部考虑，也可以只考虑里面的几个创新要素。

这样我们反复投掷这 6 个骰子，就会产生不同的组合，这些组合会不断地激发我们产生更多的创意。经过反复几次投掷骰子，在不需要其他同事帮助和参与的情况下，我们自己一个人就可以产生大量的创意，接下来的事情是调查用户对这些创意的真实需求以及技术实现的问题。

或许有人会说，这种投骰子想创意的方法是将创新视为儿戏，很不严肃。其实创新本身并不是一件非常严密科学的事情，至少在创意生成阶段是这样的。创新分为两个阶段，在创意生成阶段强调发散思维，欢迎更多新鲜有趣的想法，甚至是疯狂的想法；在创意落地阶段强调归纳思维，对众多的创新想法进行科学的评估，选出最具商业价值并且在技术上最有可能实现的想法。创新不是守旧，创新是出奇，如果要求创意的产生过程符合逻辑、科学合理，那么就会让人形成思维定式。人们很容易受条件约束，很难产生突破性的创意，产生的想法往往合理性有余、新颖性不足。

古人说得好，文章本天成，妙手偶得之。在创意的产生阶段需要创造一定的偶然性，让人们可以突破传统思维惯性的束缚。所以采取投掷骰子的方法看似听天由命，其实是在打破思维定式，创造一种偶然性，让你有机会对一些你从来都不会去想甚至是不敢去想的想法进行思考，使更多的意外想法能够源源不断地产生出来。

卡诺模型与产品创新点的评估优化

通过产品创新 36 计，你可以产生大量优秀的产品创意。下一步的关键是对这些创意进行用户验证，看看它们到底能否得到用户的认可，能否真的解决用户的需求。

对于创意的提出者，最困难的往往是对产品创意的众多亮点进行评价和取舍。

依据产品创新 36 计产生出来的创意，它的价值亮点一定会有很多，包括功能、结构、外观、用户体验、情感需求以及商业模式等方面。这些创意是全部在产品上实现，还是有所侧重和取舍？这需要科学的分析和评估。对产品功能卖点进行评估和分析的最常见的一个工具就是卡诺模型（KANO 模型）。

卡诺模型是东京理工大学狩野纪昭（Noriaki Kano）教授基于行为科学家费雷德里克·赫兹伯格（Fredrick Herzberg）的双因素理论发明的对用户需求进行分类和排序的有用工具。用户的需求决定产品的功能，所以卡诺模型可以对产品的功能定位和取舍给予很好的科学建议。

赫兹伯格在研究员工满意度时提出了双因素理论（也被称作激励 - 保健理论）。他发现影响员工满意度的因素主要由两方面构成，一种叫作激励因素，另一种叫作保健因素。当激励因素增加时，员工的满意度会大大提高，但是在激励因素减少时，员工的满意度却不会相应地下降；而保健因素则不同，当保健因素增加时，员工的满意度并不会相应地提高，但是在保健因素减少时，员工的满意度会相应地下降。

狩野纪昭将赫兹伯格的双因素理论创造性地应用到用户满意度研究领域中。他发现用户满意度与员工满意度有着类似的特点。企业对用户满意度的理解存在一定的误区，以为某个产品的功能越多、质量越好、价格越低、服务越好，用户的满意度就越高，而实际情况却未必如此。企业为了提升用户满意度，往往在产品中增加更多的功能，或者不断提升服务的等级，然而这样做的效果有时候却相反，不仅没有提高用户的满意度，反而引来用户的不满和抱怨。这正如买椟还珠的故事那样，商人为了让珍珠卖得更好一些，将装珍珠的盒子装饰得富丽堂皇，结果买家看中盒子却丢弃了珍珠。

这里要特别强调一下，影响用户满意度的不仅仅是产品的功能，还包括产品的质量、价格、品牌和美誉度等众多属性。所以，为了使问题简单化，我们后续在解释和应用卡诺模型时，只讨论产品功能与用户满意度之间的关系。

根据产品功能与用客满意度之间的关系，狩野教授将产品功能分为 5 类：基本型功能、期望型功能、兴奋型功能、无差异型功能、反向型功能。

基本型功能也称必备型功能、理所当然型功能，有点类似于员工满意度中的保健因素，体现了用户对产品基本功能的要求。当基本型功能不充足时，用户会很不满意；当基本型功能充足时，用户不会因此表现得特别满意。即使基本型功能超出了用户的期望，用户充其量也只是感到满意，而不会表现出更多的好感。但是一旦这些功能没有满足用户的需求，用户的满意度就会急剧下降。对于用户而言，产品必须具备基本型功能，否则就不是一个合格的产品。

例如，电视机图像画面的清晰度就是一个典型的基本型功能属性。如果电视机的画面不清晰，用户的满意度肯定会一落千丈，但是如果一味提升电视画面的清晰度，用户的满意度并不会得到很大程度上的提升。再以汽车的百米加速指标为例。在一定范围内，百米加速越快，用户越满意，但是如果百米加速快到一定程度，用户的满意度就会直线下降，毕竟对于大多数用户而言，百米加速并不是越快越好，汽车的安全性是用户更为关注和在意的。

对于产品的基本型功能，企业的原则是必须具备、保证不丢分。企业一定要进行大量的用户调查研究，找到用户满意和不满意之间的拐点，将基本型功能维持在合理范围内。

期望型功能是与用户满意度成正比例关系的某种功能，当产品具备这些功能时，用户满意度就会增加；当这些功能超出用户期望时，用户满意度就会大幅增加；当产品的这些功能表现不好时，用户满意度就会相应地下降。

例如，手机的待机时长就是一个典型的期望型功能属性。手机的待机时间越长，用户满意度就越高；待机时间越短，用户满意度就越低；如果手机的待机时间无限长，甚至不需要充电，用户满意度就会达到最高。待机时长与用户满意度成正比例关系。

在期望型功能方面，企业一定要超越竞争对手，做到人有我优，并且要加大宣传力度，让用户很好地感知到这一功能的存在。

魅力型功能又称兴奋型功能，有点类似于赫兹伯格双因素理论中的激励因素。当产品具备这种功能时，用户会感到很满意，随着这些功能的增加，用户满意度会越来越高，但是如果产品不具备这种功能，用户却不会感到不满。

例如，小米的空气净化器具有一键购买滤芯的功能。当空气净化器的滤芯经过长时间使用，出现功能失效时，小米空气净化器可以及时提醒用户更换，而且用户可以通过手机 App 实现一键购买滤芯。这项功能就是一种典型的魅力型功能。即使小米净化器不提供这项功能，用户也不会不满意，但是一旦提供了这项功能，增加了用户的使用便利性，用户满意度就会直线上升。

在魅力型功能方面，企业要做到人无我有，一定要创造和突显自家产品的差异化优势。小米在产品的魅力型功能方面做了深入的研究，通过魅力型功能打动了许多消费者。例如，小米插线版的 USB 充电口、小米平衡车的遥控功能、小米电视的主机与屏幕分离功能等都可以说是魅力型功能。若没有这些功能，用户并不会不满意；有这些功能，用户满意度会大大提升。魅力型功能往往抓住了用户那些没有被满足的潜在需求，这些需求有时候连用户自己都不清楚。企业需要通过一定的方式去识别和挖掘这些需求，然后开发出能够满足这些需求的功能。

无差异型功能是指那些无论提供与否对用户体验和满意度均无影响的功能，是可有可无的某个或某些功能。对于企业而言，这些功能是典型的"鸡肋功能"，一方面用户对这些功能并不买账；而另一方面，企业在研发过程中往往自以为这些功能对用户是有价值的，因此对这些功能产生了一些感情，不愿舍弃它们。所以，当我们通过卡诺模型进行评估，确定哪些功能是无差异型功能时，就要痛下决心，将这些无用的功能舍去，将资源投入到更有价值的功能点上。

反向型功能又称逆向型功能，是指引起顾客强烈不满的产品功能。这些功能越多，用户越不满意，因为并非所有用户都有相似的喜好，许多用户根本不需要此类功能。例如，现在产品的过度包装就是一种典型的逆向型功能属性。用户并不看重某些产品的包装，而且产品的包装费用往往都需要用户买单，包装越高档，成本越高，用户也就越反感。

对于以上 5 种不同类型的功能，我们可以建一个坐标系，将它们都放到一个坐标系里，如图 8-4 所示。横坐标表示某类功能的表现程度，越向右边表示该功能越完善或越突出。纵坐标表示用户的满意程度，越向上表示用户越满意，越向下表示用户越不满意。这样我们就得到了 5 种功能模型。45 度右上直线代表期望型功能、上曲线代表魅力型功能、下曲线代表必备型功能、45 度右下直线代表反向型功能、中间的圆形虚线代表无差异型功能。

那么具体如何使用卡诺模型呢？主要分为以下两个步骤。

第一步，对于产品的每一个功能项设计两个问题。如表 8-1 所示，第一个问题是有这个功能会让用户觉得怎么样，第二个问题是没有这个功能会让用户觉得怎么样。选项有 5 个，分别是"我喜欢这样""必须是这样""有没有无所谓""我可以忍受"和"我讨厌这样"。

第二步，开展用户调查，分别了解用户对每一个功能项的态度。将调查结果汇总和分类，参考表 8-2 就可以根据用户对某个功能的偏好确定它到底属于 5 种功能类型中的哪一种。

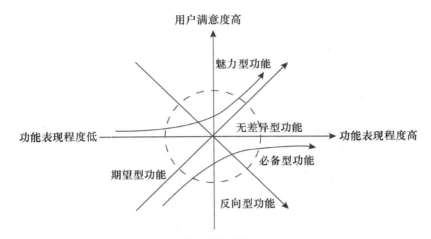

图 8-4　5 种功能

表 8-1　功能评价表

正向问题	这个产品具有 ××× 功能，您会如何评价？ （　）我喜欢这样；（　）必须是这样； （　）有没有无所谓；（　）我可以忍受； （　）我讨厌这样。
反向问题	这个产品没有 ××× 功能，您会如何评价？ （　）我喜欢这样；（　）必须是这样； （　）有没有无所谓；（　）我可以忍受； （　）我讨厌这样。

表 8-2　功能定位表

	量表	反向问题（没有 ××× 功能会怎么样）				
		喜欢	必要	无所谓	能忍受	讨厌
正向问题（有 ××× 功能 会怎么样）	喜欢	Q	A	A	A	O
	必要	R	I	I	I	M
	无所谓	R	I	I	I	M
	能忍受	R	I	I	I	M
	讨厌	R	R	R	R	Q

R　反向型功能　　　　O　期望型功能

I　无差异型功能　　　M　必备型功能

Q　有问题的结果　　　A　魅力型功能

例如，针对某一项具体的功能，用户在正向问题上选的是"我喜欢这样"，在反向问题上选的是"我可以忍受"，我们参考这个表可以得出这项功能在用户心里是魅力型功能。

通过卡诺模型，我们可以对一个产品创意表现出来的众多功能进行分类，进而提出相应的优化策略，尽量保留和凸显魅力型功能、期望型功能，做好必备型功能，适当减少无差异型功能，尽量消除反向型功能。

我们还是以前面谈到的电热水壶为例。我们通过投掷骰子想出了一个很酷的创意——带社交属性的智能电茶水壶，它具有众多的功能和卖点。如何对这些功能进行分类和定位？如何对这么多的功能进行取舍？我们可以利用卡诺模型，邀请用户进行评价，基于评价结果对这个电热水壶的功能进行取舍和优化。

第一步，我们可以抽取这个创意的所有功能和亮点，包括精确控制水温、通过 App 远程操作、在茶壶上装置液晶操作屏幕、使用紫砂材质、以十二生肖为造型、具有社交属性、直连茶叶电商等。

第二步，基于这些功能特性，我们设计问卷，询问用户他们对这些功能和亮点的态度是怎样的，邀请用户填写调查表。

第三步，基于用户的填表结果，我们查卡诺模型功能定位表，确定不同功能的分类和定位。

第四步，基于不同的功能定位，我们提出相应的功能优化建议。

以上只是对卡诺模型的简单介绍，通过卡诺模型产品企划和研发人员可以快速地对产品创意中的各种功能做出简单的定位，对产品创意概念进行评估和优化。

众筹支持者名单

（按参与众筹的时间先后排序）

张　洁	张　净	刘成杰	李文星	尹　斌	吴宝安
吉　利	李　宁	赵文玉	吴国平	邓玉群	周应良
龚　智	蔡忆斌	刘建军	李广庆	李　泉	张成良
王文娜	张佩敏	周道平	秦国芳	单明斌	杨新国
李东文	张益众	曾健铭	金帅业	方红刚	刘海斌
耿顺波	赵慧萍	杜风芹	李　巍	李晓星	贾华为
周　健	钟　炜	宋晓峰	黄金清	刘庆银	施　阳
杨杰宾	李星星	刘大海	高华东	郭　园	龚　铮
范延伟	卫才升	程度贵	秦宗华	崔嘉琛	马琦峰
王媛媛	李　静	李德斌	吴　剑	曾健铭	裘志明

说明：

还有众多没有出现在名单中的无私支持者，本书作者及编辑人员在此向所有人表示诚挚的谢意：因为有你们，本书才光芒绽放！